スポーツニュースは恐い
刷り込まれる〈日本人〉

森田浩之
morita hiroyuki

生活人新書
232

NHK出版

スポーツニュースは恐い——刷り込まれる〈日本人〉

目次

本文装釘＝V.L.
校閲　竹内輝夫

第1章　本当はこんなに恐いスポーツニュース

みんなが楽しみなスポーツニュース

松坂大輔の投げている姿がテレビに映る。画面の片隅にこんなテロップが出ている。

「スポーツは10時48分から」

夜のニュース番組がCMに切り替わる直前の画面だ。でも、CMが終わっても松坂のニュースは始まらない。

あれは「CMのあとはスポーツ」という意味じゃなかったんだ。まだ10時48分になっていない。いま流れているのは、どこかの国で起きた事故のニュースだ。

次のCMに入る前に、松坂大輔がまた映る。右下にあるテロップは「［next］松坂14勝なるか」。このCMが終われば、今度こそ松坂だ。

スポーツニュースの始まるタイミングが、じつにCM2回分も前から予告されていたことになる。ここからわかることが二つ。ニュースには「ニュース」と「スポーツニュース」があること、そしてスポーツニュースは「みんなが楽しみにしているもの」と位置づけられていることだ。

テレビでも新聞でも、スポーツは他ジャンルのニュースとは別なものとして扱われる。

「はい、それでは、スポーツです！」

テレビだったら、そんな言葉とともにスポーツコーナーが始まる。ちょっと騒がしいBGMが響き、スポーツ担当のキャスターが座っている。スポーツ担当らしく、若くて元気がいい。女性であることも多い。

番組のモードがそれまでとは大きく変わっている。スタジオにいる人びとはCMの前まではしかめ面をしていたのに、今はみんなほほ笑んでいる。政治や経済のむずかしい話はもうおしまい、悲惨な事故のニュースも忘れよう、ここからはスポーツの感動を楽しみましょう……。

新聞だったら、スポーツ欄はたいてい全体の真ん中あたりにある。政治面や経済面からも、事件・事故を伝える社会面からも離れていて、家庭欄のとなりにあることも多い。スポーツと「本当の」世界とのあいだに、境界線がしっかり引かれているのだ。この境界線がつねに厳重にパトロールされていることはいうまでもない。「スポーツに政治を持ち込むな」という合い言葉があるほどだ。厳しくて油断のならない「本当の」世界とは別のものにみえるから、私たちはスポーツニュースを「楽しみなもの」としてとらえ、気を許しているのかもしれない。

けれども、そんなふうに気軽に接しているスポーツニュースのなかに、私たちの世界の見方や価値観をつくる要素がぎっしり詰まっているとしたら？

脅かしているわけではない。スポーツニュースは言葉の裏側で、私たちにいろんなことを教え込もうとする。「日本人として生きるうえで大切なこと」を教え、「日本人らしさ」とは何かを語り、私たちに「日本人であること」を忘れさせまいとする。

スポーツニュースは私たちに〈日本人〉であることを刷り込んでいる。

スポーツニュースは「オヤジ」である

そんな込み入った仕事をひそかにやっているスポーツニュースとは、どんなやつなのだろう。手はじめに、今のところ調べがついているスポーツニュースの素性をざっと紹介しておきたい。

なにしろ敵は（敵ではないが）、〈日本人〉であることを刷り込むなどという恐い仕事をしているのである。はじめに思い浮かべたのは、人にたとえるなら、政府の秘密プロジェクトに従事する特命工作員か右翼政治団体のメンバーのような、こわもてタイプだった。

でもスポーツニュースのことを調べていくうちに、そんなイメージははかなく崩れ去った。

スポーツニュースは「オヤジ」なのである。

日本の職場に必ずひとりくらいはいそうなオヤジである。中間管理職のつねとして、生活保守的で少し小心。女性社員に理解があるつもりでいるが、女性を信頼していないことが言葉の端々に、ついうっかり出てしまう。女性が外に出て仕事（＝スポーツ）をすることに抵抗があるという古風な一面ももちのようだ。

そのくせスポーツニュースは気配りの人である。人間関係には細かい配慮をみせ、組織のなかでの生き方に強い関心をもっている。そのぶん人知れずストレスをため込んでいるのか、ちょっとテンションが上がると暑苦しい人生訓を語りはじめる癖がある。

仕事はそれなりにできる。コツコツと地道にやるタイプである。中間管理職だから仕方がないのかもしれないが、自分がコツコツやっている仕事がじつにスケールの大きなプロジェクトであることは、あまりよくわかっていない。

それが「日本人をつくる」というプロジェクトだ。私たちが自分のことを日本人と意識できるのは、スポーツニュースの地道な仕事の結果でもある。ただ、この仕事でも悪い癖がときおり顔をのぞかせ、テンションが上がると、彼自身の考える「日本人らしさ」や日本人の国民性みたいなものを語りはじめる。

厄介なのは、スポーツニュースの描く日本人の自画像が、ちんまりとスケールが小さくて、ちょっと時代に合っていないということだ。

サブリミナルに蓄積される価値観

スポーツニュースがこの仕事で使っているのが「イデオロギー」と「言葉」である。日本語でイデオロギーというと、「保守主義」や「社会主義」のように政治的な「○○主義」を指す言葉と思われがちだが、ここでの意味はもっと広い。世界を理解しようとするときの「考え方の枠組み」であり、「価値観」である。社会が共有している（とされる）「常識」と言いかえてもいいかもしれない。メディアはその作り手が意識するかどうかにかかわらず、社会で主流のイデオロギーを広めている。

イデオロギーは身近なところに、いくらでもころがっている。私たちのライフサイクルを考えただけでもたくさんある。

たとえば結婚だ。いくら晩婚化が進んだといっても、ある年齢を過ぎて独身でいると、どことなく周囲が「結婚はしないのか」という目線を向けてくるという状況は残っているだろう。ライフスタイルの多様化は認められてきているとしても、「結婚はするべきだ」という根っこのイデオロギーは今も主流でありつづけているからだ。

結婚したら「子どもはつくるべき」というのも社会で主流のイデオロギーだろう。子どもをつくるカップルは「つくる理由」を必要としないが、つくらないカップルはどこかでその理由を表明する必要に迫られることがある。

イデオロギーはそんなふうに、私たちの日常生活のなかに何食わぬ顔でたたずみ、よきにつけ悪しきにつけ、私たちの生き方を規定しようとする。

スポーツニュースもメディアの一部だから、社会で主流のイデオロギーを広めてしまう。もちろん（同じ例で続けるなら）「結婚はするべき」というような直接的な言い方をするわけではない。スポーツニュースの運ぶイデオロギーが、はっきり見えることはほとんどない。

だが、たとえば女子選手に関する報道のなかに、スポーツニュースが女性の結婚についてもっている「常識」がふいに染みだしてくることはある。なにも女子選手のことにかぎらない。男はこういうときこうすべきだ、日本人はこういうときこうするものだ、世界というのはこういうところだ……といった社会で主流の価値観が、スポーツニュースの言葉の端々に表れる。

受け手はふつう、それを意識することはない。しかし意識するしないにかかわらず、その価値観を頭のどこかで確認してしまうから、いわばサブリミナルに刷り込まれていく。無意識のうちに蓄積していく価値観は、私たちにどれだけ影響を与えるかわからない。

スポーツニュースが発するイデオロギーは言葉の裏側に隠れていることもあれば、言葉と言葉のあいだに埋め込まれていることもある。この本がやろうとしているのは、見えにくいスポーツニュースのイデオロギーを言葉の向こう側から引っぱりだしてくることだ。

「忘れさせない」ナショナリズム

この本は、スポーツニュースがやっている「日本人をつくる」仕事についても考えていく。

スポーツニュースが国際試合のリポートなどを通じてナショナリズムを煽っているという、今さらながらの話をしたいわけではない。日本人であることを「誇りに思わせる」ナショナリズムと、日本人であることを「忘れさせない」ナショナリズム（そう、これもナショナリズムだ）は大きく違う。

まだピンときていない人のために、別の言い方をしてみたい。どうして私たちは、松坂大輔やイチローや松井秀喜を、あるいは中村俊輔を応援してしまうのか。海外でプレーする日本人選手が活躍すると、たとえその選手のファンでなくても、心のどこかでうれしく思うことがあるだろう。あの感情はどこからくるのだろうか。

私たちが日本人だから？　それは答えのようで答えになっていない。だったら、なぜ私たちは自分のことを、松坂大輔たちと同じ日本人だと思えるのだろう。それが「ナショナリズム」というものだから？　そうかもしれない。けれども私たちの多くは日ごろ、自分が旺盛な愛国心の持ち主だなどと思っているだろうか。

私たちが自分のことを松坂大輔たちと同じ日本人だと思えるのは、おそらく、日本人であることを「忘れさせない」ナショナリズムが大きく作用している。

「忘れさせない」ナショナリズムをつくるメディアの役割を考えたイギリスの社会心理学者マイケル・ビリグの比喩を借りるなら、国民であることを「誇りに思わせる」ナショナリズムは、右派勢力や新興国家が熱く、懸命に国旗を振っているイメージだ。けれども「忘れさせない」ナショナリズムは、役所の入り口に日々ひっそり掲げられている国旗のイメージである。

ひっそり掲げられる国旗のほうが、懸命に振られる国旗より「恐くない」ということではない。熱く情熱的に振られようが、役所の入り口にひっそり掲げられようが、いずれにしてもその旗は（ほんの一例をあげるならば）何かあったときに人びとを戦場に駆りたてるだけの力はもっている。それが「国をつくる」ということだ。

国旗を日々ひっそり掲げつづけるためにスポーツニュースは、自分も気づかないうちにさまざまなことをやっている。

いささか物騒な話になってしまったが、スポーツニュースは基本的には愛すべきオヤジである。今日もみんなが楽しみにして、見たり読んだりしたいと思うオヤジである。

ただ、そのオヤジがもっている本当のパワーを、私たちは知っておいたほうがいい。

だからここで、スポーツニュースの仕事ぶりをしっかりみてみたい。女子選手にそそぐオヤジの目線と、人間関係への尋常ならざる関心をチェックしたあと、〈日本人〉をつくるプロジェクトへと進んでいく。


CMが終わって、10時48分。スポーツニュースの始まりだ。

第2章　女子選手に向けるオヤジな目線

スポーツニュースがやっている「無意識のセクハラ」

セクハラの話から始めたい。

最近はセクハラをなくすための規則やキャンペーンがたくさんあって、どういうことがセクハラにあたるのかという認識は以前より浸透してきたようにみえる。でも、厄介なのはここから先だ。

あからさまなセクハラ（「女性の体に触れる」「性的な話をする」など）はしていないと自信のもてる男性でも、「無意識のセクハラ」はけっこうやっているからだ。

たとえば、女性社員に「スカートも似合うね」と言う。本人はほめているつもりでも、その女性の服装に関心があることが表れている。おまけに「スカートも」という言い方には「いつものパンツ姿もいいけど」というニュアンスが感じられて、つねに相手の服装に関心を向けていることがわかるから、言われたほうはいっそう気持ちが悪い。「きみは、そこらの男よりいい仕事をしたな」と言う。本人はほめているつもりでも、女性全般を男性より下に見ていることをはからずも示している。

こんな「無意識のセクハラ」をしてしまうオヤジは、どこに問題があるのだろう。本人は女性に優しく温かい目を向けているつもりだし、応援もしているつもりだ。なのに「無意識のセクハラ」をしてしまうのは、男女の区別や役割分担という古い枠組みから自由になっていないからだ。

心の奥に隠れている価値観が、つい言葉のどこかに出てしまうのだ。隠れているイデオロギーは強い。あからさまなセクハラは規則やキャンペーンで減らすことはできても、「無意識のセクハラ」は無意識なだけになかなか減らないのかもしれない。

スポーツニュースはこの「無意識のセクハラ」を相当にやっている。

会社のオヤジが女性社員のことを、どこかで女性として見ているのと同じで、スポーツニュースは女子選手をいつもどこかで女性として見ている。ときにはアスリートとしてよりも女性として見たがっている。

それは世のオヤジたちと同じく、スポーツニュースが男女の区別や役割分担の枠組みから自由になっていないからであり、その枠組みにこだわる社会の価値観をすくいあげているからでもある。

スポーツニュースの「無意識のセクハラ」は、さまざまな場面に表れている。

女子にだけ気安く「ちゃん」づけするオヤジ

まず、女子選手の呼び方だ。スポーツニュースは、女子選手をファーストネームや愛称で呼んだり、気軽に「ちゃん」づけしたりする。

フィギュアスケートは「麻央ちゃん（浅田）」に「美姫（安藤）」、卓球だったら「愛ちゃん（福原）」に「佳純（石川）」、ゴルフは「藍ちゃん（宮里）」に「さくら（横峯）」に「桃子（上田）」だ。

オリンピックの金メダリストでさえ、スポーツニュースは平気で「ちゃん」づけする。マラソンの高橋尚子は「Qちゃん」「尚子」だし、柔道の谷亮子は「柔ちゃん」「YAWARA」である。

ファーストネームや愛称をいちばん頻繁に使うのはスポーツ紙だが、一般紙も例外ではない。テレビのスポーツニュースでも、キャスターは「浅田選手」「安藤選手」と姓を口にしていても、テロップは「麻央、美姫　栄冠めざして！」と呼び捨てになっていたりする。

男子選手の場合、スポーツニュースは姓で呼ぶことがほとんどだ。名前で呼ばれる選手もいるにはいる。「イチロー」「カズ（三浦）」、引退した「ヒデ（中田）」あたりが代表格だが、彼らがそう呼ばれる理由は女子選手の場合とは違う。

「イチロー」は鈴木一朗の（日本時代の）登録名だから、アスリートとしての本名のようなものだ。「カズ」と「ヒデ」は登録名ではないが、本人がそう呼んでほしいというサインを出している。三浦知良はユニフォームの背中の名前表記をずっと「ＫＡＺＵ」にしているし、中田英寿も自分のウェブサイトで「ヒデ」か「ＨＩＤＥ」を使っている。スポーツニュースが男性選手をファーストネームや愛称で呼ぶのは、本人とのあいだに「そう呼んでくれ」という合意がある場合にかぎられるようだ（早稲田大学の斎藤祐樹と楽天の田中将大の「祐ちゃん」「マーくん」という愛称が例外的に広まった理由は、第４章で書きたい）。

ところがスポーツニュースは、どの職場にもひとりはいそうな「ちゃん」づけオヤジと同じく、女子選手のことは金メダリストだろうと誰だろうと、平気でファーストネームや愛称で呼ぶ。なぜだろう。

人を姓で呼ぶのはあらたまった言い方であり、社会の「優位者（強者）」に向けられ、相手を大人として扱っている。だがファーストネームや愛称で呼ぶのは、親しみをこめている場合もあるが、たいてい社会の「劣位者（弱者）」に向けられ、相手を子供扱いしていることが多い。

意識するとしないとにかかわらず、スポーツニュースは女子選手を子供扱いしてしまっている。「無意識のセクハラ」の始まりである。

女子選手のプライベートが気になる

スポーツニュースは女子選手のプライベートも大好きだ。趣味は何か、好きな食べ物は何か、オフタイムに何をしているか。およそスポーツとは関係のないそんな話に、やたらと触れたがる。陸上の宮井仁美についての記事には、こんな一節があった。

〈オフはパン作りを楽しむ女性らしい一面を持つ。「パンが好き。食べることが大好き」と公言するだけに、3月18日の20歳の誕生日にはチームメートからパン焼き機をプレゼントされた。日々、出来たての手作りパンを振る舞い、選手生活を終えた後の夢は「香川に帰ってパン屋さんを開きたい」〉（スポーツニッポン　05年6月18日）

1万メートルという過酷なレースで世界陸上選手権代表になった宮井選手が、じつはパン作りが大好きで、いつも手作りパンを周りに配っているという。なんともほほ笑ましいエピソードだし、「宮井さんも、じつは女の子なのね」と思わせる。

そう、「じつは女の子なのね」と思わせることが、こんなふうにプライベートに触れることの目的なのだ。

スポーツニュースは男子選手の場合にも、スポーツとは関係のないプライベートな部分を伝えることはある。「焼き肉が好き。毎日でも全然平気」とか「今このゲームにはまっている」などと書くかもしれない。

しかし男女の私生活の伝え方には、ひとつ大きな違いがある。女子選手のオフタイムに触れる記述は、彼女たちの「女性らしい一面」を伝えようとしているのだ。女子選手の私生活を伝える記事を拾っていくと、いかにも「女性らしい一面」を示す（とスポーツニュースが思っている）エピソードが選ばれている。

なぜそこまで断言できるのかって？　そうしたエピソードを紹介するときに、うっかり「女性らしい一面」と本心を書いてしまった記事がけっこうあるからだ。宮井選手の記事にも「女性らしい一面」とはっきり書いているし（気づきました？）、ほかにもたくさんある。

マラソンの加納由理は〈セーターやマフラーなどを編み、愛用のパンダのぬいぐるみに着せるなど、女性らしい一面もみせる〉（産経　07年1月29日）。

ゴルフの朴セリがロサンゼルス近郊に確保した家には〈子供のころからの夢だったという、白いグランドピアノがある。フェアウエーの豪快なプレーとは別の（…）女性らしい一面だ〉（共同通信　99年2月4日）。

トリノ五輪のフィギュアスケート金メダリスト、荒川静香は〈甘い物には目がない女性らしい一面がある。（…）「昨日（アイスを）思い切り食べました。ラージでキャラメルとティラミス（味）です」とうれしそうに話した〉（デイリースポーツ　06年2月23日）。

手編みのセーター、パンダのぬいぐるみ、白いグランドピアノ、キャラメルとティラミス味のアイス。まったく「いかにも」なアイテムばかりである。オヤジなスポーツニュースはこういうものが「女性らしい」と思っていることがわかって、ほほ笑ましくもある。

「女性らしい一面」をつけ加えたくなるのは、競技でしのぎを削っている彼女たちは女性らしくないと、スポーツニュースが思っていることの表れだろう。この女性たちにとってスポーツは生活のほんの一部でしかないと思いたがっている。

私生活に関心を向ける歴史的理由

女子選手のプライベートな部分に向けられるスポーツニュースの目線はどこから来るのだろう。女子選手にかぎって私生活を熱心に伝えるというだけでオヤジ臭が漂うが、そこにはもう少し深い理由がある。

それは、スポーツがもともと男だけのものだったことと関係がありそうだ。近代社会の成立とともに発達したスポーツは、男を鍛え上げるためのものであり、「男らしさ」と深く結びついていた。

オリンピックをみても、これほど多くの女性が出場するようになったのは最近のことだ。近代オリンピックの父と呼ばれるクーベルタンは、女性がオリンピックに参加することを想定していなかった。

1896年にアテネで開かれた近代オリンピックの第1回大会では、女性の参加が認められていない。第2回のパリ大会では女性の参加が認められたが、種目はテニスとゴルフにかぎられていたし、全出場選手977人のうち女性はわずか22人だった。

オリンピックのスローガンである「より速く、より高く、より強く」をめざすことで、男性は「男らしさ」を発散できる。しかし女性に期待されていた「性役割」は、男性とは正反対のものだ。女性は「速く、高く、強く」なってはいけなかった。男のものとされてきたスポーツに女性が参加すること自体が、当時は矛盾だった。

時代は流れ、2004年のアテネ五輪では全出場選手のうち女子が4割以上を占めるようになり、日本選手団は女子のほうが多かった。そんな今でもスポーツニュースは、女性がスポーツをすることに違和感をいだいている。「彼女たちはスポーツなんぞをやっているが、本当は女性なんだ」と思いたがっている。

スポーツニュースが女子選手に向ける目線は、近代オリンピックが始まったころの感覚を引きずりながら、さらにオヤジらしさを炸裂させていく。

「ママさんボランチ」宮本ともみの主婦な生活

女子選手の私生活に目を光らせるスポーツニュースは、彼女たちが結婚しているかどうかに特別な関心を寄せる。女子選手が結婚すると「ミセス」「奥さま」とうれしそうに呼び、出産でもしようものなら、すぐに「ママさん選手」と呼びはじめる。

これも女子選手だけに向けられる偏ったまなざしだ。「パパさん選手」と呼ばれる男子選手はひとりもいない。

女子選手限定のまなざしを向けられているひとりが、サッカー日本代表の宮本ともみだ。冷静な守備と正確なロングパスで知られる守備的MFで、99年、03年のワールドカップと04年のアテネ五輪に出場している。

07年6月、北京五輪の出場権をかけたアジア最終予選の韓国戦で、宮本が先制ゴールをあげると、すかさずスポーツニュースは〈宮本ママさんボレー!!〉（日刊スポーツ 07年6月4日）と見出しをつけた。そのうえ〈出産後では初得点〉（スポーツニッポン 同）と無理やり意義づけたり、〈日本サッカー史上初のママさんゴール〉（スポーツ報知 同）と、歴史をさかのぼってまで宮本が「母」であることを書き加えたりした。

このゴールをあげるまでにも、宮本は既婚者であり母親であることを強調されつづけていた。02年に結婚したあとも宮本がサッカーを続けていられるのは、周囲の協力があるからだと、スポーツニュースは語っている。

〈それも食事を作るなど家事を賄う宏章さん（引用者注・夫）の母・美津子さん（58）の全面協力あってこそ。宏章さんも、1か月もの遠征に快く送り出してくれる〉（スポーツ報知　04年4月19日）

〈心置きなくプレーできるのも、夫が「やりたいようにすればいい」と笑顔で送り出してくれるからだ〉（毎日・中部　04年7月18日）

こうした記事のまなざしがどれだけ偏っているかは、同じ文章を男子選手に置き換えてみるとよくわかる。男子サッカーの日本代表で宮本と同じポジションを担う阿部勇樹（浦和レッズ）が同じ記事を書かれたとしたら、こんな感じになる。

「妻の＊＊さんも、阿部を1か月もの遠征に快く送り出してくれる」

「阿部が心置きなくプレーできるのも、妻が『やりたいようにすればいい』と笑顔で送り出してくれるからだ」

いったい阿部の家はどうなってるんだ、嫁の許可がないと遠征にも行けないのか、ワールドカップは大丈夫か、海外からオファーがあったらどうするんだ、と事態は風雲急を告げてくる。

しかし宮本ともみは、こんな記事を何度も書かれている。それはスポーツニュースが女子選手を周囲に依存した女性として描きたがるからであり、女性は主婦として家庭の運営に責任をもつべきだという暗黙の期待があるからだ。

実際、宮本は時間をやりくりして主婦の役割をこなしているらしく、スポーツニュースはそのあたりをちゃんと認めている。なにしろ〈宮本ともみの朝は台所に立つことから始まる〉(朝日　04年6月22日)のだ。なぜかといえば〈毎日練習から帰宅すると午後十時をまわるが、午前六時半には起床し、宏章さんの弁当を作る〉(産経　04年8月11日)ためだという。

そんな宮本の努力をスポーツニュースは〈プレー同様、主婦としても堅実〉(朝日　04年6月22日)だとか、〈〝奥様選手〟は、やりくり上手〉(産経　04年8月11日)などと、宮本に主婦の役割を期待していることを露骨に示す表現でたたえている。仕事で優れた業績をあげていても、家庭をおろそかにしないのが、スポーツニュースの理想とする現代女性のようである。

宮本は05年に男の子を出産し、しばらくサッカーを離れたが、06年に現役復帰した。この年の11月に代表に再び選ばれると、今度は母親であることが強調されはじめた。アジア大会の壮行試合となったオーストラリア戦では〈後半35分には強烈な約20メートルの右足ミドルシュート〉を放ったが、〈ピッチを離れ（…）1歳半の長男・耀太くんを見つけると、ママの顔に戻っていた〉（スポーツニッポン　06年11月20日）。〈戻っていた〉という表現は、宮本をまず母親として位置づけている。強烈なミドルシュートも放つ優れたサッカー選手としての彼女は、まるで仮の姿だと言いたげだ。

こうして宮本ともみは「妻」「主婦」「母」であることを強調されながら、スポーツニュースに描かれつづけている。同時に、男性だったら言及されない家族関係をはじめとするプライバシーを公にさらすことにもなっている。

「授乳柔道家」谷亮子の衝撃

母親になったことが注目を集め、それによって究極のプライバシーをスポーツニュースに報じられたのが、柔道の谷亮子だ。

出産・育児で第一線を離れていた谷だが、07年4月の全日本選抜体重別選手権で2年ぶりに復帰した。このときスポーツニュースが関心を寄せたのは、谷の「母性」であり、とりわけ大会当日に1歳3カ月の長男への授乳をどうするかという問題だった。

谷は「田村で金、谷で金、ママでも金」などと、結婚と出産を経て成長していくアスリートとしての自分をプロデュースするかのような発言をしている。この大会中の授乳についても自分でコメントしているから、「母性」を報道させるきっかけをつくったのは谷自身だろう。

そうだとしても、スポーツニュースの飛びつき方はすさまじかった。

〈果たして出産の影響はあるのか。日本ではまだ珍しい「ママさん選手」の戦いぶりに注目が集まる〉（朝日　07年3月20日）と言っているうちは、まだよかった。大会が近づくにつれ、〈谷は機敏に、激しく動いた。そこに母の顔はない〉（産経・大阪　07年4月5日）と「母」であることの強調が始まる。

やがて谷が〈勝負と同じくらい授乳を心配〉しているとして、〈戦うママは忙しい〉〈「一本勝ち」→「授乳」→「一本勝ち」→「授乳」と畳の内外を走り回る〉（サンケイスポーツ　07年4月7日）と、好奇の視線とも面白半分とも受け取れる口調で伝えはじめる。

復帰初戦となった1回戦に谷が勝ったあとは、〈勝負師からママの顔に戻〉って〈吸引機で母乳を吸い出し、ほ乳瓶に入れ替えた〉（デイリースポーツ　07年4月9日）ことや、〈試合の合間にも搾乳〉（サンケイスポーツ　同）したことまで細かく伝えた。谷は〈戦いながら母の仕事も忘れていなかった〉（同）のである。

女子選手が「女性」であることを強調したいスポーツニュースに、谷は格好の話題を提供してしまった。「授乳」ほど女性と男性の本質的な違いを際立たせる要素はそうあるものではない。精神的な母性だけでなく、身体的な母性まで生々しく伝えるチャンスがめぐってきたから、スポーツニュースは飛びついた。

そのまなざしは谷亮子を、男性とはまったく異質の、乳を出しながらスポーツをする「異形の者」として位置づけようとするかのようだった。

強調される「男の支え」

女子選手が優れたパフォーマンスをみせても、女性がスポーツをすること自体に違和感をもつスポーツニュースには、それが彼女だけの力によるものだとは思えない。そこで女子選手の業績を、周囲の協力、とくに「男の支え」とセットにして語りたがる。

陸上の弘山晴美は、96年のアトランタから04年のアテネまでオリンピックに3大会連続出場し、3種目の日本記録を同時にもっていたこともある「トラックの女王」である。だがスポーツニュースは、弘山が自分の脚だけで走っているとは思っていない。ニュースのなかの彼女は、コーチでもある夫の勉さんと、いつもセットで語られる。

〈トラックに目標を切り替え、5カ月後、一万メートルでの出場を決めた。夫と「二人三脚」での五輪は今回で3度目だ〉（毎日　04年8月14日）

弘山が出場した3度のオリンピックが、すべて〈夫と「二人三脚」での五輪〉と位置づけられている。書き手としては弘山のコーチが夫であるという要素が読者にアピールすると考え、競技が陸上トラックだから「二人三脚」という言葉で表してみたのだろう。

それにしても、弘山の活躍を伝える記事のほとんどは彼女自身の努力をほとんど描かず、いきなり「二人三脚」の話から始めている。アテネ五輪の1万メートルに出場したときの他の記事も「二人三脚」のオンパレードだ。

〈練習も人生もパートナー――二人三脚〉（毎日　04年8月11日夕刊　小見出し）
〈夫でコーチの勉さんと二人三脚で歩み〉（産経・大阪　04年8月28日夕刊）
〈夫の勉コーチと二人三脚で取り組んできた競技生活の集大成を、アテネでしっかり刻んだ〉（共同通信　04年8月29日）

翌05年、世界陸上選手権のマラソン代表に36歳で決まったときも、スポーツニュースは〈夫婦二人三脚の戦いが再び始まる〉（日刊スポーツ　05年3月15日）という言い方で激励した。

06年、弘山は名古屋国際女子マラソンで念願のマラソン初優勝を果たす。10度目のマラソン、しかも37歳でつかんだ初の栄冠だ。スポーツニュースにとっておいしい設定がそろったところで、さらに輪をかけて「二人三脚」があふれかえった（いずれも06年3月13日）。

弘山がトップで飛び込んだのは〈夫の勉コーチとの〝二人三脚〟で駆け抜けたゴール〉（東京）だった。ここまでの道のりは長かったが〈夫の勉コーチと二人三脚で努力を重ね、マラソン挑戦10回目でついに栄光をつかんだ〉（毎日）。37歳という年齢を思えば〈二人三脚の陸上人生の最終章に、花を添える形〉(日刊スポーツ)にもなった。

スポーツニュースはいつも女子選手の周りに「支える男」を探している。弘山の場合は、たまたま夫がコーチだから「支える男」の姿を何倍にも大きく描くことができる。願ってもない設定だ。

勉さんがコーチとして夫として弘山を支えてきたことはたしかだとしても、ニュースのなかの弘山は自分の2本の脚だけで走っていない。「男の支え」を強調することで、スポーツニュースは弘山晴美のアスリートとしての業績を小さくみせることに成功している。

高橋尚子と小出監督の「擬似父娘関係」

「男の支え」が持ち出された究極の例は、シドニー五輪で女子マラソンの金メダルを獲得した高橋尚子だろう。高橋の物語はつねに小出義雄監督との師弟関係のなかで語られていた。弘山の場合と違って、小出監督は高橋にとって家族ではないが、テレビや新聞で描かれるふたりの関係は擬似的な父娘のそれだった。

小出はスポーツニュースのなかで、高橋のことを「あの子は、あの子は」と呼んでいた。そのうえで高橋の才能をたたえ、彼女に寄せる信頼感を語りつづけた。

〈「あの子は2時間20分を切るよ」〉（朝日　00年3月13日夕刊）

〈「おれはね、あの子にマラソン界の中田（英寿）になってもらいたいんだ」〉（日刊スポーツ　00年3月13日）

〈「あの子は、有森（裕子）と似ています。気持ち良くなれば、どんどん乗っていく」〉（産経　00年5月20日）

ふたりのあいだに「契り」のようなものまで交わされたことも、スポーツニュースは伝えていた。〈高橋との約束があった。「おまえが死ぬ気で練習してるんだ。オレも何か大好きなものを断つ。酒はダメだけどな」。97年夏、ヘビースモーカーの小出監督がたばこを断った。「初めは手がブルブル震えたよ。でもな、あの子と約束したからオレも我慢だ」〉（日刊スポーツ　00年9月25日）

一方の高橋尚子は、つねに小出を全面的に信頼し、従順に小出を追いかける存在として描かれた。〈一からの出直しだった。高橋を襲う走れないことへの不安。「監督、監督」

と呼び続けると「大丈夫だよ。オレを信じてついてきたら」とこたえた。温かみのある笑顔が心を和ませた〉（朝日　00年3月13日夕刊）

だからシドニーで一番でゴールに飛び込むと、高橋は小出の姿を探した。〈ゴールテープを切って、両手を挙げて、高橋尚子はすぐにあたりを見回した。（…）「監督に一番先に会いたくて」。自分を育ててくれた小出義雄監督（61）が、顔をくしゃくしゃにして喜ぶ姿が、真っ先に見たかった〉（読売　00年9月25日）

指導力とカリスマ性があり、ときには強引なこともやりそうな小出は、昔ながらの日本の父親イメージに合致するかたちで描かれた。そんな小出をどこまでも追いかける高橋は、父に導かれるままに歩む「娘」だった。

高橋尚子という強い女性の姿は、監督の指導にどこまでもついていく謙虚な姿とからめて語られつづけた。女性アスリートとしてはただひとり国民栄誉賞も受けた高橋尚子の人気は、こんなスポーツニュースの描き方も一因になっていたかもしれない。

スポーツニュースが好きな「女子種目」の秘密

もともと男だけのものだったスポーツに、今では多くの女性が参加するようになったのはたしかだ。しかしスポーツニュースのなかでは、いささか事情が違う。女性はスポーツをやっているのだが、その種目がじつに偏っている。

このところテレビやスポーツ紙が大きく取り上げる女性の「3大競技」は、シンクロナイズドスイミング、フィギュアスケート、ビーチバレーだろう。女性はサッカーやバスケットボールもやっている。こうした競技もワールドカップやオリンピックの予選などの節目では、スポーツニュースが取り上げているはずだ。しかし、3大競技に比べると印象が薄いのはなぜだろう。

3大競技のニュースには「絵」がたくさん使われているからだ。テレビなら映像が長く使われ、新聞なら写真が大きく使われる。

テレビや新聞の作り手の言い方では、「絵になる」競技を大きく扱っているということになる。しかし、それは誰の目にとって「絵になる」のだろう。

3大競技は、どれもある意味で「女性らしい」種目だ。シンクロは水着、フィギュアは衣装を身につけて「美しさ」を競う。ビーチバレーはシンクロやフィギュアとは違うタイプの競技だが、多くの「絵」とともに報じられるのは、女性選手のセパレートタイプの小さなユニフォームのためだろう。「女性らしい」競技が大きく扱われがちなのは、スポーツニュースの目線がオヤジだからだ。

「要するに、オヤジのエッチな目線がはたらいているという話なのね」と思われるかもしれない。もちろんその要素はあるが、それだけではない。「女性らしい」種目はもっと深いところで決まっている。

シンクロ、フィギュア、ビーチバレーの3大競技に加えて、「女性らしい」種目には、ほかに何があげられるだろう。新体操はそうかもしれない。男子の新体操もあるが、オリンピック種目は女子だけだ。テニスとゴルフは「女性らしい」というほどではないだろうが、「女性がやってもいい種目」とはいえそうだ。さきに触れたように、オリンピックで女性の参加が最初に認められたのは、この2種目だった。

これらの種目の共通点を考えると、何が私たちに「女性らしい」と思わせているかがみえてきて、ちょっと恐くなる。

第一に、右にあげた「女性らしい」種目は、どれも直接の身体接触がない。サッカーやバスケットボールのように、選手同士がじかにぶつかり合うことがない。

第二に、テニスとビーチバレーを除けば、必ずしも自分のポイントがそのまま相手のマイナスにならない。シンクロ、フィギュア、新体操は審判の採点をあおぐ種目だし、ゴルフも競い合う相手に直接はたらきかける種目ではない。

「女性らしい」、あるいは女性がやってもいいとされてきたスポーツは、対戦相手とじかに争わず、力を行使しないのだ。

スポーツニュースが大きく取り上げる男子の種目を考えてみよう。野球、サッカー、ラグビー、相撲をはじめとする格闘技。まず、いずれも身体接触を伴う。いずれも相手にはたらきかけ、体力と筋力、戦術を駆使して、相手を倒そうとする競技だ。

「女性らしい」「男性らしい」種目の特徴は、社会で期待されてきた女性らしさ、男性らしさに通じている。女性は美しく、おしとやかで、人と争わないのがよしとされる。男は外に出て、相手に挑み、何かを勝ち取ってくることを求められる。

スポーツニュースが伝える「女性らしい」「男性らしい」種目は、古くからの男女の性役割を引きずり、さらにそれを広めている。

「なでしこジャパン」という愛称の意味

「なでしこジャパン」は、サッカー日本女子代表の愛称である。いや、あれは愛称以上のものだろう。

国立競技場で日本女子代表の試合を見たとき、場内では「なでしこジャパンのスターティングメンバーです！」「なでしこジャパン、選手の交代です！」とアナウンスされていた。「日本女子代表、選手の交代です」ではない。日本サッカー協会のウェブサイトでも「なでしこジャパン（日本女子代表チーム）メンバーが決定しました」と、愛称を先に書き、アピールしようという姿勢がうかがえる。

この名前、女性には受けがよくない。周りの女性たちに聞いてみると、どこか釈然としていない。「なんでスポーツチームに『なでしこ』なの？　強そうに聞こえないじゃない」という人もいたし、「よく、選手が黙ってるよね」という人もいた。

「女性らしい」「男性らしい」種目という切り口から考えると、どうしてサッカー女子代表が「なでしこジャパン」と名づけられたかがみえてくる。

まず、サッカーは圧倒的に「男らしい」スポーツだ。サッカーは「少年を紳士にする」などといわれるし、フーリガンなど暴力的なイメージもついてまわる。マッチョなスポーツの代表格といっていい。

そんな男子サッカーの人気は、日本ではＪリーグが始まり、ワールドカップにも出られるようになって、ずいぶん定着した。この男子の人気を女子代表にも波及させたいと、サッカー協会は考えたのだろう。女子代表はワールドカップには91年の第1回大会から連続出場しているし、世界ランキングは14位より下がったことがない。じつは男子より強い女子代表の存在を、どうすれば浸透させられるか。

誰かが「ニックネームをつけよう」と考えた。広告代理店の入れ知恵があったかもしれない。04年5月、日本サッカー協会は女子代表のニックネームを公募し、選ばれたのが「なでしこジャパン」だった。

この愛称が採用された裏には、たとえ無意識だとしても大きな意図がはたらいている。「なでしこ」はもちろん植物の名前だが、これがサッカー女子代表の愛称に使われた理由は、日本女性の理想像を表すとされる「大和撫子」からの連想だろう。

サッカーのもつマッチョなイメージを中和するには、うってつけの言葉だ。まさに「強そうに聞こえない」ことが、この言葉の最大の魅力だった。「なでしこジャパン」という愛称は「サッカーなどという男っぽいスポーツをやっていますが、彼女たちは（日本）女性です。安心して応援してください」というメッセージなのである。

「なでしこジャパン」と名づけられたとたん、サッカー日本女子代表はアスリートではなく、「女性」にされてしまった。

スポーツは男の「最後の砦」

女子選手に向けられるオヤジっぽい視線は、スポーツニュースの「焦り」の表れだ。昔のスポーツは男だけの領域だった。そこへ女性が進出してきて、男にしかできなかったパフォーマンスやプレーをやるようになった。スポーツニュースは女性の活躍に優しそうな目を向けているようにみえるけれど、内心とても落ち着かない。

そこでスポーツニュースは、優れた女子選手を「女性」として見せようとする。女子選手が「妻」であり「母」であることを示し、スポーツとは関係のない「女性らしい一面」を探し、「女性」の側に連れ戻そうとする。

女子選手の活躍を大きく取り上げるのは「女性らしい」種目に限定しようとする。「女性らしい」種目なら、偉大な業績をあげる選手がいても「女性らしさ」が認められただけだから、スポーツニュースは落ち着いていられる。

今でもスポーツの世界では、男性が「標準」とされている。たとえば、女子のスポーツ大会には「女子」という言葉がつく。「東京国際マラソン」は男子だけの大会、女子の大会は「東京国際女子マラソン」。サッカーの「ワールドカップ」は男子だけの大会、女子の大会は「女子ワールドカップ」だ。男子の競技が「本物」で、女子のほうは「亜流」扱いされる。

スポーツニュースは心のどこかで、スポーツの世界を男だけのものにしておきたがっている。それは、男性の体力や筋力が女性より優れていることを誇示できる分野が、スポーツのほかにはなくなってきたためかもしれない。「男にしかできない」とされる肉体労働は機械化によって少なくなり、男だけが戦地に送られてきた戦争もハイテク化が進んでいる。

スポーツという、男に残された最後の砦を守ろうとして、スポーツニュースは女子選手を「彼女たちにふさわしい場所」に追いやっている。

第3章　スポーツニュースは〈人間関係〉に細かい

スポーツニュースは「スポーツマンニュース」

スポーツニュースおやじの職業は企業の中間管理職だというのが、この本の仮説のひとつである。女子選手に向ける目線から中間管理職説はいくらか証明されつつあるが、それよりも重要な論拠となるのは、スポーツニュースが人間関係に向ける関心と、その表れとしての気配りだ。

そもそもスポーツニュースは、スポーツそのものより「人」のことを伝えようとしている。

あのプレーのどこがすごかったか、この選手（チーム）はなぜ勝てたか（負けたか）という競技そのものの話に、それほど興味があるわけではなさそうだ。それよりも、プレーする選手の決意や努力、喜びや失望、苦難と鍛錬といった「物語」にはるかに関心をもっているようにみえる。

スポーツニュースと名乗っていますが、あなたの本名は「スポーツマンニュース」じゃないですかと言いたくなってしまう。

スポーツニュースは、人について伝えるための準備を怠らない。とくにチームスポーツの場合には、ニュースの受け手にわかりやすいポイントを「人」に置かないといけないから入念な準備が必要だ。

サッカー日本代表は二十数人の集団ではなく、「中村俊輔のチーム」に見せておこうとする。「横浜FC対ジュビロ磐田」だと誰も関心をもたない（とスポーツニュースは思っている）から、「1年11カ月ぶり、カズvsゴン」などとスター同士の対決に落とし込もうとする。

人と人とのあいだにある、さまざまな関係や因縁も事前に調べておかないといけない。師弟対決、同期生対決、高校の先輩・後輩対決、大学の先輩・後輩対決、社会人チームの……。スポーツニュースはタテ社会に生き、人のネットワークのなかで仕事をしてきた人だ。誰かと名刺交換をしたら雑談のなかでさりげなく出身校を聞き、あとで相手の名刺の裏に「＊＊大学、〇年卒」などとメモするクチかもしれない。

乱発される最年長記録

日本社会で生きていくには、上下関係を大事にすることは基本中の基本である。スポーツニュースは年長者をあつく遇する。最近は多くの競技で選手寿命が延びたこともあり、30代後半から40代の中年ベテラン選手がたくさんいるから、スポーツニュースは彼らへの気配りを欠かさない。

中年選手をたたえるために持ち出されるのが、さまざまな「最年長記録」だ。しかし、それらの記録はスポーツニュースの気配りから生まれたものでしかないから、設定自体に無理があることも多い。

千葉ロッテの小宮山悟が41歳7カ月で勝利投手になったときには、球団の〈史上2位年長勝利〉（日刊スポーツ　07年4月22日）と持ち上げた。けれども、これは千葉ロッテのなかの記録であるし、「マサカリ投法」で知られるあの村田兆治を抜いて2位になったからこそ話題にできただけだ。こじつけ感はぬぐいきれず、持ち上げられた小宮山のほうが戸惑っていたかもしれない。

中日の山本昌が41歳9カ月で巨人戦に先発して勝利投手になると、大見出しで〈最年長先発G倒〉（日刊スポーツ　07年5月14日）とたたえてみせた。中年の読者に元気を与えたい一心だったのだろうが、中日の山本昌をほめながら、自分が巨人ファンであることを露呈してしまった。巨人以外が相手なら、対戦チーム別の「最年長先発勝利」を話題にすることは、いかに中年をほめたがるスポーツニュースでも無理なはずである。

横浜FCの三浦知良が40歳2カ月でゴールを決めると、スポーツニュースはJ1の「日本人最年長ゴール」と位置づけ、〈日本サッカー界をけん引してきたキングが、またひとつ金字塔を打ち立てた〉（日刊スポーツ　07年5月13日）と手放しで絶賛した。小宮山や山本昌の記録ほど、こじつけた感じはないようにみえる。しかしスポーツニュースは、グローバル化の波に乗りきれない中間管理職の自分をさらけだした。「日本人で最年長」を記録にしてしまったことだ。

これを言うなら、そろそろ大相撲では「今場所、日本人力士では最多の白星」という言い方を始めなくてはいけなくなる。それはスポーツニュースとしても言いたくないことのように思えるのだが。

スポーツニュースが本当に語りたがっていること

スポーツニュースは「人」のことを話していると、ときおりテンションが上がるらしく、よけいな物語を語りはじめる癖がある。スポーツニュースの物語には、彼が座右の銘とする人生訓が埋め込まれる。この人生訓の共通点を探していくと、彼が「日本社会で生きるために大切なこと」という話をしたがっていることがわかる。

スポーツニュースが語るのは、誰もが何度も聞かされているような教訓ばかりである。あらためて聞くと暑苦しくて仕方がない。スポーツニュースもそのあたりは自覚しているらしく、人生訓をそれとわからないように物語に埋め込んで語る。さりげなくニュースの一部として伝えるから、話半分に聞いているとけっこう気がつかない。

気がつかないからこそ、スポーツニュースの語る人生訓には恐い部分がある。なにしろ、日本中に届く地声の持ち主だ。話半分に聞いていても頭のどこかに刷り込まれかねない。

スポーツニュースが日本全国にばらまいている人生訓を、暑苦しいけれど、みていきたい。

とりあえず「謙虚」な感じにしておこう

新聞のスポーツ欄を開くと、まず押し寄せてくるのは「謙虚であることがよい」という社会的価値観である。

「チームのために」「チームに迷惑をかけたので」「期待にこたえた」「○○のパスが完璧だったので、僕は合わせるだけでした」

活躍した選手のコメントには、そんな謙虚な言葉が必ずといっていいほど入っている。自分のヒットやゴールでチームを勝利に導いたのだから、もっと「オレが、オレが」と言ってもいいように思える。プロのアスリートであれば、打ってなんぼ、決めてなんぼの世界に生きているのだから、そんなに自己主張がなくて大丈夫なのかとさえ思う。ところが、ヒーローたちのコメントは判で押したように謙虚なのだ。

ここに07年5月4日の朝日新聞のスポーツ欄がある。前日のサッカーＪ１の結果を伝えるページには、活躍した選手や監督のコメントが全試合について短く載せられているのだが、これがみんな、たまらないくらい謙虚さにあふれている。

〈自分の得点よりチームの勝利が大事。負けたのが残念〉

――リーグ戦初得点となる先制ゴールをあげながら、鹿島アントラーズに逆転負けしたＦＣ東京のＦＷワンチョペ。

ワンチョペ、いきなり「チームの勝利が大事」ですか。07年からFC東京に入り、期待されながら結果を出せなかった元コスタリカ代表のあなたは、ほかにもいろんな話をしたと思うんですけどね。最後の「負けたのが残念」は言わずもがなで、間の抜けたコメントに聞こえてしまいます。あなたが実際にどう話したかはわからないですけど。結局、6月いっぱいで解雇されて、こっちも残念。

〈この試合を次に生かしたい〉

——大宮アルディージャ戦で試合終了直前に決勝ゴールを決めたサンフレッチェ広島の駒野友一。

〈あきらめない気持ちが勝利につながった〉

——サンフレッチェ広島のペトロビッチ監督。

駒野選手、自分で得点を決めることはそれほど多いわけじゃないんだし、〈値千金の決勝ゴール〉とこの新聞が書いているくらいなんだから、もっと喜んでもいいんじゃないですか。つねに次を考えている姿勢は、そりゃえらいですけど。

ペトロビッチ監督、勝因は〈あきらめない気持ち〉だけですか。だったら、あきらめなければ、いつも勝てるってことですよね。今日の試合にかぎって、勝てた理由があるんじゃないでしょうか。もっとも、あなたはそのあたりを記者会見でちゃんと話していたかもしれませんが。

〈失点しそうな場面でも体をはってよく防いでくれた〉
——柏レイソルに押されながらも守りきり、0—0で引き分けたアルビレックス新潟の鈴木淳監督。

鈴木監督〈体をはって〉防ぐのは、サッカー選手なら当たり前なんじゃないですか。とくに〈失点しそうな場面〉で体をはらない選手がいたら、そいつは試合に出すべきじゃないでしょう。どうして、そんな当たり前のチームへの「献身」をわざわざ言ったのか。いや、言ったことになっているのか。

同じページには、欧州チャンピオンズリーグ準決勝第2戦の記事もある。マンチェスター・ユナイテッドを相手に先制ゴールを決めたACミランのMFカカ（ブラジル）が、ヒーローとして取り上げられている。

〈これで10得点。得点王争いでは1試合を残し、2位で並ぶ4人に4点差をつけた。「（得点ランキングで）トップにいることより、勝利に貢献し、決勝進出を決めたことがうれしい」〉

カカまでがこんな謙虚なコメントをしているのを読むと、謙虚であることが一流の証明のように思えるし、謙虚であることにつっこみを入れようとしている自分がとてつもなく自意識過剰な人間に思えてくる。それとも、いま取り上げた選手や監督がたまたま謙虚だっただけなのか。

本当のところはわからない。ひとつたしかなのは、選手や監督はここにある言葉しか口にしなかったわけではないということだ。

サッカーの場合、選手は試合後にたいてい「ミックスゾーン」と呼ばれるエリアで記者の質問に応じ、数分間は話す。監督は記者会見場で座って質問に答える。

記者はそこで聞いた話から原稿に使う部分を選ぶ。選別の手が加わっているわけだ。

その結果、スポーツ欄には「謙虚」があふれかえった。ただの偶然とは思えないが、誰かが意図してそうしたわけではないだろう。「今日のコメントは『謙虚』がテーマだから、よろしく」というような指示が全国各地の試合会場で取材している記者に下っていたとは考えにくい。では、なぜ「謙虚」なコメントがあふれかえるのか。

それはおそらく、日本社会では「謙虚であること」に価値があるからだ。謙虚な言葉を発しているのは、みんなこの日のヒーローである。スポーツニュースは「おごらないヒーロー」という理想像を無意識に頭のなかに描いており、そこへ向けて無意識のうちに紙面をつくってしまったように思える。

だとすれば、社会にただよう価値観が、ヒーローの謙虚なコメントをつくらせたことになる。

「事実」と「物語」のはざま

スポーツニュースには、社会で重要とされている価値観が自然に織り込まれてしまう。試合経過やプレーや戦術を解説する部分には価値観が入りにくいから、たいていは選手に投影される。

そのときに使われるのが、ヒーローを主人公にした「ナラティブ」である。ナラティブは「物語」という意味だが、フィクションではない。ニュースを物語のように語る手法のことだ。

なにも特別なものではない。主人公がいて物語が語られていれば、どんな長さだろうと、どんな展開だろうと、それはナラティブである。新聞を開けば、そこはナラティブだらけだ。私たちは生まれてから死ぬまで、ナラティブの海を日々、泳いでいる。

ナラティブは起こったことをただ伝えるだけでなく、「起こったことがどう理解されるべきか」を伝える。この出来事はこう考えるべきだと言おうとすれば、さまざまな価値観がそこに入ってくる。社会的、共同体的存在としての私たちは「物語によってつくられる」というのは、フランスの歴史学者で精神分析学者のミシェル・ド・セルトーの言葉だ。

スポーツニュースは「物語」が大好きだ。主人公はその日に活躍した選手、つまり文字どおり「ヒーロー」である。

しかしスポーツニュースは物語を語りはじめると、事実関係の記述がおろそかになったり、論理に飛躍がみられたりする。まさに、起こったことよりも「起こったことがどう理解されるべきか」を伝えている証拠である。裏を返せば、記事の事実関係があやしくなってきたら、それはナラティブに入ったしるしであり、社会的価値観が投影されようとしているサインとみることができる。

スポーツニュースが語る物語のなかで社会的価値観を背負わされたヒーローたちの、ほんの一部をみてみたい。同時に、社会的価値観を含んだ物語がどれほど頼りない事実関係や論理構成の上に成り立っているかをみるために、意地の悪いつっこみを入れながら読んでいく。

巨人・上原、「恩返し」のストッパー

人事異動。これほどオヤジ心をくすぐる言葉はない。いうまでもなく人事異動は、スポーツニュースが大好きなトピックのひとつである。

最近、「人事異動」が大きな話題になった選手に、巨人の上原浩治がいる。先発完投型投手の代表格ともいえる上原が、ストッパーに転向したからだ。

上原は自主トレからキャンプにかけて太ももなどに違和感を訴え、07年のシーズン開

幕を2軍で迎えた。復帰したのは4月30日、先発ではなくストッパーとしてだった。脚に残る不安やスタミナ面を考慮して、短いイニングで上原の力を生かすための起用法だった。

スポーツニュースが「上原ストッパー転向」の物語を語るうえで大きな前提となっていたのが、「上原には先発へのこだわりがある」というものだった。絶対的なストッパーがいないという巨人のチーム事情から、上原はストッパー転向を打診され、自分のこだわりよりチームの利益を優先させて引き受けたという。上原が初めてストッパーとして登板したことを書いた記事は、この前提にのっかって、こう締めくくっている。

〈チームに迷惑を掛けた責任感から、固い決意で引き受けた守護神の座。恩返しは、これからたっぷりする〉(日刊スポーツ　07年5月1日)

〈責任感〉に〈恩返し〉。たったこれだけの文章に、オヤジらしい価値観が詰まっている。〈これからたっぷりする〉という表現も、男の情の世界をさりげなく感じさせる。

さて、物語がどうつくられたかをみていくと、価値観の埋め込みに苦労した痕跡がある。上原は出遅れたことでチームに〈迷惑を掛けた〉と思っており、その〈責任感〉から自分の希望ではないストッパーを引き受けたと言いたいようだが、そのあたりの経緯が記事にはまったく書かれていない。

次の文〈恩返しは、これからたっぷりする〉には主語がないが、書かれているのは上原の気持ちだろう。選手の気持ちを代弁するスポーツ紙お得意の筆運びである。ただ、上原自身の口から「恩返しをしたい」という意味のことが語られることはなく、あくまで筆者が代弁しているだけである。

〈迷惑を掛けた責任感〉からストッパーを引き受け、新しい持ち場で〈恩返し〉をすると上原は本当に思っているのかどうか。そこが記事からはわからないのだ。今までの記事にさんざん書いて、読者には常識になっているから省いたということか。そうだとすれば「恩返しのストッパー上原」の物語は、説明不要なくらいにひとり歩きしていたことになる。

スポーツ新聞の書き方はそういうものなんだから、大目にみてやれよ、という人がいるかもしれない。オーケー、じゃあ次は、朝日新聞を同じように読んでみる。新ストッパーとなった上原が初セーブをあげたことを報じた記事で、物語の部分はこう始まる。

〈原監督でしか実現しなかった「ストッパー上原」だ。指揮官が監督を退いていた04、05年の間も気にかけてもらい、その間、結婚報告もしたほど、恩義を感じていた〉（朝日　07年5月3日）

上原が原監督に〈恩義を感じていた〉からこそ、上原のストッパー転向は実現した、他の監督だったら〈実現しなかった〉と記事はいう。けれども、なぜ上原は恩義を感じていたのか、その肝心かなめのところがわからない。

ここでは〈恩義〉を感じた理由として、〈気にかけてもら〉っていたということしか書かれていない。気にかけてもらえば相手に感謝くらいはするだろうが、ふつう〈恩義〉まで感じるだろうか。もう少し具体的に精神的・物質的な利益を受けていないと、人間、〈恩義〉をいだくことはできないと思うのだが、記事はそこをはっきりさせることなく次へ進む。

次に進む前にやはりわからないのが、〈結婚報告もしたほど〉というフレーズである。結婚する相手と一緒に原監督の家にあいさつに行ったのか。それともケーキカットの写真を添えた「私たち結婚しました　ＫＯＪＩ＆＊＊＊」というあいさつ状を出しただけなのか。記事は前監督に結婚報告したことを、上原の感じる〈恩義〉の表れと位置づけているけれど、どんなかたちであれ前監督に結婚を報告するのはそんなに特別なことなのか――と読み込むほどに謎は深まっていく。

そんな疑問が出てくることをあらかじめ予想していたかのように、記事は次に極めつきのエピソードを持ち出して、読者をノックアウトしにかかる。出遅れていた上原が2軍で調整していたとき、〈誰もいない早朝の2軍練習場に監督は突然、現れた〉というのである。原監督は上原に告げる。〈「わかってるだろうな。チームも我々も、今年が勝負の年なんだぞ」〉

〈誰もいない〉練習場になぜ上原だけはいたのか、なぜ原監督はそこに上原がいると知っていたのか、〈誰もいない〉練習場で監督が投げかけた言葉を記者はどうやって知りえたのか。ここもつっこんでいくと謎だらけだが、ともあれ原監督の言葉はエースの心にしっかり残った。だから上原は〈抑えを指名された時に真っ先にこの言葉を思い出したという〉。そして〈もちろん返事は決まっていた〉のである。

物語は完結した。しかし、物語が依って立つ事実関係の記述は謎だらけである。

先発からストッパーへの配置転換は、ここまで「恩義」やら「早朝の2軍練習場の言葉」やらが重ならなければできないものなのか。特別に恩義を感じていない人が監督だったなら、上原はストッパー転向にノーと言った（言えた）のかなど、物語の大前提への疑問も解消されないままである。

上原浩治はスポーツニュースの発する〈恩返し〉の物語を背負って、9回のマウンドへ向かいつづけた。次のシーズンは先発に復帰し、この物語から自由になって、肩を軽くしてほしいものだ。

小笠原道大、「努力」の果て

努力なくして成功なし。スポーツニュースが語りたがる人生訓のひとつである。なんの苦労もなくやっているようにみえるすばらしいプレーも、じつは努力しているからこそできる、努力しないと成功は勝ち取れない……。

巨人の小笠原道大は今のプロ野球を代表する打者だが、彼の努力について書かれたこんな記事がある。

〈午後6時開始の試合で、正午に球場入りした上原が、バットを持って汗だくになって室内練習場から出てくる小笠原を見たという。／「いったいあの人は何時から打っているんだ」と上原は驚いた。球場に誰よりも早く来て、帰るのは誰よりも遅いからこそ打率3割4分2厘、9本塁打、25打点のチーム三冠の成績がついてくる〉

（朝日　07年5月12日　13版）

印象的なエピソードである。あの小笠原が〈球場に誰よりも早く来て、帰るのは誰よりも遅い〉だなんて、一度読んだら忘れられない。あれだけの成績を残すのは、見えないところで努力しているからなのか……と怠惰なわが身を振り返りたくなる。

わが身を振り返るのはいつでもできるから、その前に記事をもう一度しっかり読んでみる。

小笠原は大変な努力をしているから、すばらしい成績をあげていると記事は言いたいようだ。でも、これは違わないか。大変な努力をしている選手は、小笠原のほかにもたくさんいる。小笠原より少しだけ遅く球場に来て、少しだけ早く帰っているかもしれないが、同様の努力をしている選手は巨人にかぎらず、プロ野球界にはたくさんいるはずである。

同じ努力をしていても、小笠原のような成績をあげられる選手と、そうでない選手がいる。それだけの話である。そうなると、この記事は「すばらしい成績をあげている小笠原がたまたま早く球場に行って練習していた」話として読むべきかもしれない。

「努力なくして成功なし」という強烈な価値観が覆い隠してしまうものがある。努力している選手はたくさんいるのだが、「勝者」になれる者はほんのひと握りで、たいていは「敗者」となって消え去っていくということだ。逆に、努力していない「勝者」もいるだろうし、努力しない「敗者」ももちろんいるだろう。

スポーツニュースの物語のなかでは、努力は勝者と圧倒的に仲がいい。物語のなかの勝者はたいてい努力をしていて、それは必ずたたえられる。

こうして努力は「勝者」が欠かさないものとして称賛されつづける。

「長く続けることはすばらしい」

スポーツは数字がすべてだ。「得点」「秒」「センチ」といった数字だけがものをいう。個人の成功の度合いは、誰にでも数字ですぐに理解できる。9秒79の選手は9秒80の選手より成功しているし、4打数2安打は4打数1安打より成功している。

ほかの分野だったら、個人の成功は多くの人の目には見えず、同業者や専門家にしかわからないこともある。たとえば芸術家や科学者の成功は、しろうとが判断するのはむずかしい。専門家やメディアが高い評価を与えてはじめて、私たちはその価値を理解することが多い。しかも、その評価はあくまで主観的なものである。

しかしスポーツは、絶望的なまでに客観的な数字万能主義に覆われている。数字だけの世界からこぼれ落ちてしまう選手をすくうために「記録より記憶に残る選手」という言葉が用意されているほどだ。

そんなスポーツの数字のなかでも、メディアが特別な輝きをもたせて伝えるのが、偉大な通算記録である。

2000本安打、200勝、100ゴール。通算記録が区切りの数字に近づくと、スポーツニュースは「あと○本」「あと○勝」とカウントダウンを始める。達成されると、その記録を「偉業」と称賛する。

偉大な通算記録の達成を伝えるとき、スポーツニュースは強烈な価値観を放ってしまう。誰が達成したかに関係なく、最も強く表れる価値観は「積み重ねることはすばらしい」というものだ。あとは、区切りの記録に軽々と達した選手だったら、その「天才」

をたたえるだろうし、コツコツと到達した苦労人タイプの選手の場合には「長年の地道な努力」や「苦難を乗り越えた精神力」をたたえたりする。

そんな苦労人タイプの代表格が、日本ハムの田中幸雄だ。田中は07年5月17日に通算2000本安打を達成したが、到達までに史上最も遅い22年を要し、2205試合目での達成も2番目に遅かった。

まずスポーツニュースは、田中幸雄の通算記録の陰に大変な努力があったことを語った（いずれも07年5月18日）。

〈常に故障と闘ってきた。手首、肩、ひざ、股関節〉（スポーツ報知）、〈けがと闘いながら、偉業にこだわった。筋トレに加え、視力矯正手術を受けた。高圧酸素室を購入するなど、体にいいと聞けば何でも試した〉（朝日）

そのうえで、困難に打ち勝った末に達成した記録だけに、いっそう価値があるというほめ方をした。〈いろいろな苦しみに耐えてやってきただけに価値がある〉（日刊スポーツ　パイレーツ桑田真澄のコメント）、〈ここ数年、苦しんでたけど、地味にコツコツやる男だから、らしい2000本安打だったと思うな〉（日刊スポーツ　佐々木主浩のコメント）

FA権を行使して自分の意思で移籍できる時代に「日本ハム一筋」でプレーしつづけ

たことも、なぜか称賛の対象になった。〈「お荷物球団」の1つといわれたチームに添い遂げることを決めて、ここまでプレーしてきた〉（日刊スポーツ）、〈「よく日本ハムに尽くしたよ。同一チームで2千本。『あっぱれ』だ」〉（朝日　元日本ハム監督の大沢啓二のコメント）

田中幸雄は03年のシーズンを終えた時点で1901安打を打っていた。「偉業」までの残り99本に4シーズンかかったことになる。04年以降は出場機会も減り、100打数を超えたシーズンもわずかに1度あるだけだ。誰が見ても〈引退してもおかしくない成績〉（日刊スポーツ）であり、田中幸雄自身も〈「試合に出られる立場じゃなくなり、自分の気持ちを整理するのがつらかった」〉（朝日）と語っているほどである。

しかし出場機会に恵まれなかった4年間を、スポーツニュースは最後まで否定的なニュアンスで語ることはない。むしろ、ちょっと逆手にとって「出場機会が少なくなっても、あきらめずに頑張った」という言い方をする。この通算記録には〈挫折を乗り越えた達成感〉（朝日）があり、〈「苦労が大きければ、それだけ喜びも大きい」〉（スポーツ報知　日本ハムの高田繁GMのコメント）と位置づける。

長く続けることはすばらしく、積み重ねていくことには価値がある。少々の困難があっても、がんばれば道は開ける。スポーツニュースは田中幸雄の2000本安打達成を伝えるなかで、そんな価値観を強烈に放っていた。

ヒーローは社会のシンボルになる

今までみた記事に埋め込まれていた価値観は、どれも日本社会で超主流のものといえる。謙虚であれ、恩義には報いよ、タテ社会の秩序は守れ、努力を怠るな、積み重ねには価値がある。これがスポーツニュースの信じる人生訓だとしたら、「攻め」より「守り」の人生を送っているように思えるし、けっこう息苦しそうである。

どうしてスポーツニュースには、社会で主流の価値観が埋め込まれるのだろう。

この問いはアカデミズムの世界でも大きく取り上げられていて、世界中でおびただしい数の論文が書かれている。多くの社会学者や人類学者がいろんなことを言っているのだが、大づかみにまとめると、この問いを考える大きなポイントは社会における「ヒーロー」の役割にありそうだ。

スポーツでめざましい活躍をしたヒーローは、社会の「シンボル」になるという。ちょうど宗教儀式でたてまつられるシンボルのような存在だ。そこには社会が大切にしている道徳的価値観が投影され、シンボルごと称賛される。

価値観は抽象的なものだから、それ自体を称賛するのはむずかしい。でも価値観が人のかたちをとれば、みんなでそれを再確認し、称賛することができる。

シンボルとなるヒーローを私たちに差し示すため、スポーツニュースは彼を主人公にした「物語」を語る。物語は起こったことを伝えるのではなく、起こったことをどう理解すべきかを私たちに教える。スポーツニュースが「スポーツマンニュース」になっているのは、「人」に焦点を当てたほうが物語を語りやすいからだろう。

つまらなくても意味があるヒーローインタビュー

ヒーローが主役の物語づくりは、試合が終わった瞬間から始まる。活躍した選手がヒーローを襲名するのが試合直後のヒーローインタビューだ。

いつも思うのだが、あのインタビュー、なんとかならないのだろうか。じつにつまらない。そもそもインタビュアーが質問をしていない。選手に向ける言葉が「ナイスバッティングでした」などと、質問のかたちになっていないこともある。特別に聞きたいことがあるわけではなく、選手の声が観客と視聴者に聞こえればいいという感じさえある。

たいしたことは聞いていないから、たいしたことは答えていない。すべて予定調和、なにかの儀式のようでもある。

実際のヒーローインタビューをみてみよう。07年5月5日、巨人―ヤクルト戦が終わった東京ドームのお立ち台には、この日4安打を放った巨人の高橋由伸が上がっている。

――一番打者として、まあ1カ月近くたちましたけども、あらためて、どんな気持ちで、ゲームに臨んでいますか。

えー、そうすね、自分ではね、もう、これでいいのかどうかも、正直わかりませんけれども、ただ、今もね、さっきもね言ったとおり、とにかく1打席、大切に、1回でも多く塁に出るように、それだけ考えてます。

――これで10カード連続勝ち越しというジャイアンツなんですが……（ファンの大きな歓声）……あらためてファンのみなさんに、さらなる活躍、誓ってくれますか。

ほんとにね、いまいいかたちで野球ができてますし、まあ、まだまだ先は長いんで、とにかく今の状態をキープできるようにね、がんばりたいと思います。

——おめでとうございました。高橋由伸選手でした。

やっぱり予定調和で儀式のよう……いや、前言撤回。つまらなくなんかない。高橋由伸はここですでに、社会の「シンボル」として機能している。

よく読むと、高橋由伸の言葉には、日本社会で称賛される価値観が詰まっている。まず謙虚であり（「これでいいのかどうかも、正直わかりませんけれども」）、次にチームへの献身を語り（「1回でも多く塁に出るように、それだけ考えてます」）、最後は努力を誓っている（「とにかく今の状態をキープできるようにね、がんばりたいと思います」）。

ヒーローインタビューは「儀式のようにみえる」のではなく、まさにヒーローを社会のシンボルに祭り上げるための儀式なのだろう。

ヒーローインタビューを始めるときに「放送席ぃ、放送席ぃ」というお決まりの呼びかけがある。あれはなぜ独特の調子にのせて「放送席ぃ」を必ず2回言うのだろうとずっと思っていた。

聖なる儀式の始まりを告げる伝統の言葉だと考えれば、説明がつく。

第4章　スポーツニュースは〈国〉をつくる

スポーツニュースがやっている大仕事

スポーツニュースのオヤジ的性格を、女子選手への目線と人間関係への尋常ならざる関心という2点からみてきた。この2点だけをみれば、スポーツニュースはできればあまりつき合いたくないタイプの人である。

けれども、スポーツニュースはただ脂ぎっているだけじゃない。仕事はそれなりにできる。それも、けっこう大きなプロジェクトをやっている。しかも私たちは、スポーツニュースがそんなに大きな仕事をやっていることに、ほとんど気づいていない。

スポーツニュースが人知れずやっている大仕事とは、ほかでもない、日本という「国」、日本人という「国民」をつくることだ。

「国」「国民」をつくるってどういうこと？　そう思った方、その疑問は当然です。ふだん私たちは「国（国民）がつくられる」などとは考えない。「国がある」「国民がいる」という考え方をしている。

でも「国がある」といったとき、その「国」というものはどこにあるのだろう。「国民がいる」というとき、その「国民」とは誰のことなのだろうか。

たとえば私は、自分のことを日本人と思っている。でも、なぜそう思えるのだろう。日本国籍をもっているから？　日本語を母語として話すから？　両親も祖父母も、そのまた祖父母も日本人だから？　どれも答えのように思えなくもないが、どれも何か足りない。

「日本国籍をもっているから」というのは、日本人であるかどうかは法で決まるという考え方だ。しかし、外国人が日本国籍を取得する例はいくらでもある。そうした人を私たちは「100％の日本人」と思っているだろうか。「日本国籍を取得した○○人」と表現することがあるような気がする。たとえば「三都主アレサンドロはブラジル人だけど、日本国籍を取得している」というように。

「日本語を母語として話すから」は、話す言葉によって日本人かどうかが決まるという見方だ。しかし外国人でも生まれ育った環境によっては、日本語を母語として話すようになる人はいくらでもいる。

「両親も祖父母も日本人だから」というのは、日本人かどうかは血統によって決まるという考え方だ。でも、私の両親や祖父母が日本人であると結論づける理由がはっきりしないうちは、その子孫だからというだけで私が日本人だとはいえないことになる。

法律も言葉も血統も、「日本人」というものを100%は規定できないわけだ。では、なぜ私たちは自分のことを日本人と思っているのだろう。

この点でスポーツニュースが大きな仕事をしている。私たちに自分を「日本人」と思わせる仕事。それが「国（国民）をつくる」ということなのだが、スポーツニュースはこの仕事が得意なのだ。

ジョホールバルで山本浩アナが吐いた名ゼリフの意味

なぜ私たちは自分を日本人と思っているのか。この厄介な問いに、考えるヒントを与えてくれる言葉がある。スポーツニュースではないが、スポーツの実況で流れた言葉だ。

97年11月16日、場所はマレーシアのジョホールバル。ここまで書いただけで、どのスポーツのどういう試合か、わかった人も多いだろう。そう、サッカー日本代表がイランと戦って劇的な勝利を収め、初のワールドカップ出場を決めたあの試合だ。

日本は前半39分、中山雅史のゴールで先制。だが後半1分、14分とイランに立て続けにゴールを許し、逆転される。後半31分、城彰二が中田英寿からのクロスをヘディングで決め、2―2の同点。試合はゴールデンゴール方式の延長戦に突入した。

延長戦が始まる直前、日本代表は大きな円陣を組んだ。選手、監督、コーチはもちろん、ドクターやトレーナー、栄養士など、このチームにかかわってきたすべての人が肩を組んだ。

日本で数千万人の視聴者が見つめるなかで組まれた大円陣。そこに、実況を担当していたNHKの山本浩アナウンサーがこんな言葉をかぶせた。

「彼らは、彼らではありません。彼らは、私たちそのものです」

テレビを見ていた多くの人が、この言葉を聞いて「よし！」とうなずいたにちがいない。

このセリフがなぜすばらしいのか。ひとつには、初のワールドカップ出場をかけて死闘を繰り広げている日本代表を応援し、感情移入し、一体感をいだいていたテレビ観戦者の気持ちを見事に表現していたためだ。

でも、それだけではない。山本アナのこのセリフには、「国」あるいは「国民」という説明しにくいものの正体を考えるヒントがひそんでいる。

「日本人って誰のこと？」という問いに戻って、こんな仮説を立ててみる。山本アナのこのセリフに共感できた人、ジョホールバルのピッチで大円陣を組んでいる「彼ら」を「私たち」と思えた人、その人たちは「日本人」なのではないだろうか（「共感できなかった人は『日本人』ではない」ということではない）。

ジョホールバルのピッチにいる「彼ら」を「私たち」と思えた人は、「彼ら」と「私たち」をつなぐものを心のなかでイメージできている、さらに「私たち」と「私」をつなぐものも心のなかでイメージしたことになる。そう、イメージである。

「日本人って誰のこと？」という問いには、「自分も含めた『日本人』というコミュニティーをイメージしている人」という答えが、いい線いっているように思えてくる。

〈日本人〉はイメージされたもの

「国民」とはイメージされたもの――このあたりのことを鮮やかに説明づけた学者がいる。ベネディクト・アンダーソンという人だ。83年に出版された著書『想像の共同体』

はナショナリズム論の必読書のようになっているから、読んだ人も多いだろう。

あるいは、読みはじめてみたけれど、よくわからなかったという人もいるかもしれない。たしかに読みとおすのが簡単な本ではない。でも「『国民』とはイメージされたもの」という点についてアンダーソンが言っていることは、とてもシンプルでわかりやすい。そのシンプルな部分を、さらにシンプルな言葉に置きかえて考えてみる。

アンダーソンによれば、「国民」とは「イメージとして心のなかに描かれた想像の共同体」だという。どういう意味だろう。

どんなに小さな国のなかでも、実際に知りあえる人はごくかぎられている。同じ国にいる「国民」の大半は、あなたがじかに会ったこともなければ、その人について耳にしたこともない人たちだ。それなのに、その多くの人たちと自分とのあいだに、なにか、えもいわれぬ結びつきを感じている。だから「国民」とは「心のなかに描かれた想像の共同体」だと、アンダーソンは言う。

けれども、心に描かれた「国民」は無限に広がっているものではない。みんな、それぞれの心のなかに「ここからここまでが私たち」という枠を描いている。人口10億の国の国民でも、「あのあたりまでが私たち」であり、「そのむこうには別の国民がいる」という前提で「国民」をイメージしている。

人びとが「国民」というものを心にイメージできるようになったのは、歴史のなかではわりに最近のことだ。昔は自分の属する共同体といっても、イメージできるのは「家族」や「村落」。大きくてもせいぜい「都市」だった。

だがアンダーソンによれば、人びとに「国民」という共同体をイメージさせる画期的な出来事があった。メディアの発達である。

アンダーソンは「想像の共同体」としての「国民」をつくったもののひとつは、日刊新聞の誕生だという。アンダーソンの説明を日本に当てはめると、こんな感じになる。

ある朝、あなたは朝刊を読んでいる。そのときあなたは、同じ言葉で書かれた新聞が日本中の家庭に配達されていることを、無意識のうちに知っている。数百万、数千万の人々が同じ新聞を読んでいるということを、なんとなく心のどこかにイメージしている。あなたはその数百万、数千万の人が日本にいることは知っているが、その人たちのことを直接にはもちろん知らない。それでも、数百万、数千万の人が日本中で同じ新聞を読んでいることは無意識のうちにイメージしている。

そのイメージされたものが「想像の共同体」である「国民」だと、アンダーソンは言う。多くの人が新聞を読むという毎朝の「儀式」が、共同体をイメージさせる大きな要因になったという。

〈時間〉と〈空間〉を共有する感覚

新聞を読む「儀式」の話が示しているのは、「国民」をイメージさせる大きな要素が二つあるということだ。時間と空間である。

ある朝の朝刊は、たいていその日の朝に読まれる。夕方になれば（夕刊のある地域では）夕刊が届き、たいていその夜のうちに読まれる。

翌日になれば、それらの新聞は「古紙」になってしまう。だから、私たちはある日の新聞が、発行された当日の、だいたい何時から何時くらいのあいだに消費されるかを知っている。私たちは他の国民とある種の「時間」を共有していることを、心のどこかで知っていることになる。

もうひとつ、新聞を読んでいるときに私たちは、この新聞が読まれている「空間」をなんとなく知っている。北は北海道から南は沖縄までという「空間」を無意識のうちにイメージしている。

私たちは新聞を読んでいるときに、数百万、数千万、あるいは1億2000万人という多くの人たちと「時間」を共有しているという感覚を無意識にいだき、同時にその人たちがいる「空間」に限定を加えていることになる。アンダーソンの「想像の共同体」論をかいつまんでいえば、国民とは、「時間」と「空間」を共有しているという感覚によって結びつけられたコミュニティーということになりそうだ。

木村和司のFKがワールドカップのたびに流れる理由

アンダーソンのいう「新聞を読む儀式」の話では、今この瞬間に時間を共有していることが国民をつくる要素として強調されている。けれども、歴史や記憶を共有することも、国民を心のなかに描く大きな要素になる。

国民が共有している記憶は、ただの記憶ではない。すでに国民によって「選ばれている」記憶だ。

国民は、みんなが記憶していくべきだと思ったことを歴史的記憶のなかから引っぱりだしてくる。コミュニティーにとって重要な記憶がそこから選ばれ、そうでないものは忘れ去られる。選ばれたものは「集合的記憶」となって残る。フランスの社会学者モーリス・アルブヴァクスは、この「集合的記憶」が国民をつくる大きな要素になると考えた。

アルブヴァクスは指摘していないだろうが、スポーツニュースも「国民の記憶」をしっかり選んでいる。サッカーのワールドカップ予選が来るたびに私たちがテレビで見せられてきた木村和司のフリーキック（ＦＫ）は「国民の記憶」のいい例だ。

サッカー好きな人は、もう頭のなかに映像が浮かんでいるはずだ。85年10月26日の東京・国立競技場、日本代表がワールドカップ・メキシコ大会の出場権をかけて韓国と戦ったアジア最終予選の映像である。今よりずっとパンツが短く、今と違って白い日本代表のユニフォームを着た背番号10の木村和司が、約30メートルのＦＫを見事に決め、チームメイトに抱きついて、こぶしを振り上げている。

ワールドカップ予選が始まるたびに木村和司のＦＫが流されてきたのは、この試合がある時期まで日本代表の「ワールドカップに最も近づいた日」だったからだ。もしスポーツニュースが「国民の記憶」のおさらいに時間をとっていれば、木村和司のＦＫの後に流れる映像はこんな感じになる。

「93年　ドーハの悲劇」↓「97年　ジョホールバルの歓喜」↓「98年　ワールドカップ

初出場」→「02年　日韓大会で初のベスト16入り」→「06年　ドイツ大会で惨敗」

ワールドカップやその予選の前には、こうした「国民の記憶おさらい映像」がスポーツニュースで必ずといっていいほど流される。スポーツニュースは私たちが「国民の記憶」を共有していることを確認したうえで、これから始まる大会を伝えようとする。

スポーツニュースは〈未来〉も考える

スポーツニュースは私たちに歴史だけでなく、未来まで共有させる。

もちろん未来はこれから来るものだから、歴史と同じような意味では共有できない。そうではなくてスポーツニュースは、「私たち」は一緒に未来を迎えるという前提を、なんの疑問も差しはさまず、当然のこととして提示する。それが未来を「共有」させるということだ。

たとえばスポーツニュースは「次」についてよく語る。「次のオリンピック」「次の代表」。ワールドカップで日本代表が惨敗すれば、「次」は大丈夫か、「次世代」は育っているかと心配する。

このときスポーツニュースは、日本代表が「未来」にも存在するという前提を、なんの疑いもない当然のこととして差し出している。いうまでもないが、日本代表が未来にもあるという前提は、日本という国がこれからも存続するという、もっと大きな前提の上に成り立っている。

歴史だけでなく未来も共有するとなれば、「国民」のイメージをさらに心のなかに描きやすくなる。

「祐ちゃん」「マーくん」が定着した意味

「未来」に関連していえば、スポーツニュースは「世代」を語るのが好きだ。野球だったら、松坂大輔とその同期生たちは「松坂世代」と呼ばれる。最近は早稲田大学・斎藤祐樹の同期生を「ハンカチ世代」などと呼ぶこともある。

サッカーでは年代ごとに代表チームがあるため、世代が大きく取り上げられる。高原直泰、稲本潤一、小野伸二らの年代は「黄金世代」と呼ばれ、その下はかわいそうに「谷間の世代」と呼ばれていた。

「世代」を考えることは何を意味するだろう。それはある意味で、ファミリーの将来を考えるということだ。ファミリーは未来にも継続し、繁栄しなくてはならないから、跡取りを考える。だから「世代」を語って、「次を任せるのは、あいつかな」と話す。スポーツニュースを通じて「次の世代」を考えるとき、私たちひとりひとりがその「ファミリー」に属している。

スポーツニュースは日本のスポーツの未来を、ファミリーの行く末をつねに気にかけるような「コミュナル（共同体的）」な目線で考えている。「世代」を気にすることで、スポーツニュースは「私たち」にはともに迎える未来があるというサインを出している。

スポーツニュースが早稲田大学の斎藤祐樹と楽天の田中将大に注ぐまなざしは、まさに「コミュナル」なものだ。これは、06年夏の甲子園決勝の2試合がいかに大きな「国民の記憶」になったかを物語っている。あの夏「私たち」にとてつもない印象を与えたふたりの若者をずっと見守っていこうという「コミュナル」な目線が生まれているのだろう。

だから斎藤祐樹と田中将大のふたりについて、スポーツニュースは男子選手としてはほぼ例外的に愛称を使う。「祐ちゃん」「マーくん」という、あたかも「かわいい甥っ子」を呼ぶような愛称が定着したのは、スポーツニュースがふたりをコミュナルな目線で見守っている証拠である。

甲子園代表校マップが描く〈空間〉

「国民」をつくるもうひとつの大きな要素が「空間」だ。スポーツニュースにかぎらずメディアは、私たちに「日本列島」という空間を、じつに目立たないかたちで、日々さりげなく共有させている。

どの新聞にも、日本列島の地図が毎日かならず載る欄がある。いうまでもなく、「天気」欄だ。

どこの天気図かという説明はもちろんない。私たちが日本列島の地図だとすぐにわかるという前提があるからだ。この「私たち」とは誰のことだろう。

新聞は「私たち」に向けて日本列島の天気図を説明抜きで載せる。読み手も説明抜きで載せられていることに、なんの疑問も感じない。このとき読み手は意識するかどうかにかかわらず、「私たち」の一員として想定されていることを感じとる。

スポーツ欄にも、日本列島の地図がかならず登場する季節がある。夏の高校野球の予選がたけなわになるころだ。予選ブロックごとに線引きされた地図の上に、決定した代表校の名が日ごと少しずつ増えていく。

けれども夏の高校野球予選のニュースは、この「代表校マップ」が新聞に載る前から、私たちに日本列島という空間をイメージさせる。「全国高校野球選手権大会」という名の大会の予選が、北海道から沖縄まで、すべての都道府県で行われていることを、スポーツニュースが知らせてくれるからだ。

予選は日本列島を網羅しているが、もちろん日本の外で行われることはない。予選の行われている空間が、そのまま日本列島に重なる。地図を目にするまでもなく、私たちは日本列島という「私たち」の共有する空間をイメージする。

代表校は例年、沖縄で最初に決まる。〈沖縄で決勝戦の再試合があり、興南が浦添商を2—0で破り、全国で最初に甲子園へ名乗りを上げた〉（朝日 07年7月19日）。こうした記事を読むと、私たちは「夏」が近づいたことを心のどこかで感じとる。桜開花前線や梅雨入り（明け）と同じく、「球児たちの夏」も日本列島の南からやって来る。

このとき代表校は沖縄の1校だけだから、スポーツ欄にまだ日本列島の地図はない。しかし私たちは、高校野球ファンであろうとなかろうと、もうじき「代表校マップ」がスポーツ欄に載りはじめることを予感しているだろう。どんなかたちの地図か、もちろん「私たち」は知っている。

やがて代表校マップが掲載される。決まっている代表校が少ないうちは、地図は白地が多い。日本列島の地図は毎日静かにそこにたたずみ、代表校の名で埋められるのを待つ。地図が埋まれば、やがて「全国高校野球選手権大会」が開幕する。

「本場」アメリカと日本列島

スポーツニュースも最近は、「日本列島」を外国との対比のなかで描くことがある。スポーツニュースのなかで野球のコーナーは、「まずは大リーグです」といった言葉とともに、たいてい「大リーグ情報」から始まる。

正確にいえば、これは「大リーグの日本人選手情報」である。イチローや松井秀喜らのその日の映像とともにそれぞれの成績を伝え、「チームは敗れましたが、2試合連続のマルチ安打の活躍でした」などと表現する。

所属チームのことはどうでもよく、あくまで日本人選手が活躍したかどうかがニュースだ。この「日本人はどうだったのか」というスポーツニュースの目線だけでも、「国」をつくることに大きく貢献している。

ニュースのなかで日本人メジャーリーガーがプレーしている映像は、現地テレビ局の実況音を低く残したまま流れることが多い。もちろん英語の実況だ。実況に日本人選手への賛辞が含まれている場合などは、その内容を日本語にしてテロップで流す。英語の実況をそのまま使うことで、この日本人選手たちが野球の「本場」であるアメリカでプレーしていることが、さりげなく示される。

「大リーグ情報」が終わると、次に日本のプロ野球の試合結果が映像とともに伝えられる。試合が行われた場所は、もちろん日本列島のどこかだ。このニュースの順番から、メジャーリーグでプレーしている選手は「本場」の野球に挑戦しており、日本にいる選手はその下にいるという序列がつくられる。このとき私たちは日本列島という空間を、アメリカとの対比のなかで、ある意味づけとともに共有しているだろう。

スポーツニュースは、まず時間と空間の両面から「日本人」をつくっている。過去（歴史、記憶）も現在も、そして未来も共有し、日本列島のなかにいる「私たち」の一体感を、さまざまなかたちでつくりだす。

そしてスポーツニュースは、次の仕事に取りかかる。

第5章　日本人メジャーリーガーが背負わされる〈物語〉

「やっぱり日本人は日本がいちばん」

スポーツニュースは「日本人」をつくるのに、もっと細かい技も使っている。時間と空間を駆使して「日本人」を私たちの心のなかに描かせたあとは、「日本人らしさ」をつくるという次の段階に手をつける。

ここでスポーツニュースのオヤジ性が、ふたたび顔をのぞかせる。時間と空間を使う「国づくり」の仕事は、女子選手を「ちゃん」づけで呼ぶあのオヤジの担当とは思えないくらいスケールの大きなプロジェクトだ。しかし「日本人らしさ」を規定する仕事は、広い意味での「文化」にからんでくる。そのせいか、スポーツニュースのもつオヤジ文化が、じんわりと染みだしてくる。

日本人選手が海外でプレーすることはすっかり当たり前になったけれど、スポーツニユースは彼らに「日本人らしく」いてほしいと思っているようだ。日本人は海外に出ると苦労するぞ、やっぱり暮らすのは日本がいちばんだ、という目線はぶれることがない。

気持ちはわからなくもない。しかし時代のキーワードは、とりあえず「グローバル化」である。人もモノもカルチャーも軽々と国境を越え、ときにはどこかで入り交じり、無国籍、多国籍なものが生まれつづけているご時勢に「やっぱり日本がいちばん」というメンタリティーでいいのかとも思える。

もちろん、外国で生活し、仕事をするのは大変である。個人的なことを書いてしまうと、アメリカに1年、イギリスに1年半暮らしたときは、それは大変だった。食事も言葉も、苦労がなかったかといわれれば、ここに書ききれないくらいたくさんあった。

日常生活で現地の感覚と波長が合わないことも相当にあった。

アパートに電話がつながったのは引っ越しの1カ月後だったし、銀行は口座開設の申込書をなくしたから再度提出しろというし、ゴミの収集日なのに誰も集めに来ない。きみらはサービス業などすべて外国にアウトソーシングして、紅茶を飲みながらサッカーとチャリティーだけやっていなさい、と悪態をつきたくなったものだ（どこの国の話とは言わないが）。

でも今だから感じることではあるのだが、そんな経験をすることも外国で暮らすことの意味ではないかとふと思う。日本と同じ生活をしたいなら外国に住まないほうがいいし、日本と同じ生活ができるなら外国に住んでいる意味がない。

ところが、スポーツニュースの感覚は違う。「日本と同じ生活をしなくていいのか」と思っていることが言葉の端々に表れる。もちろんスポーツ選手にとって現地の環境に適応できるかどうかは重大問題だが、スポーツニュースは「日本人は現地に適応するのがむずかしい」と半ば決めつけ、「やっぱり日本人は日本がいちばんんだ」と考えているようなのだ。

松坂大輔が「落ち着ける」場所

06年12月、松坂大輔がボストン・レッドソックスと約1億ドルの契約を結んで帰国した様子を伝えたときもそうだった。新聞記事には松坂にとってアメリカと日本がどういう場所かが描かれており、スポーツニュースが日本を松坂の「落ち着ける場所」と位置づけていることが言葉の端々に表れている。

松坂が契約をまとめて帰国したときの記事のなかで、アメリカと日本についてそれぞれ使われている表現を並べてみると、それがよくわかる。

〈アメリカでの松坂を表現する言葉〉
空前の大型契約／嵐のような10日間／激動の時間だった
慣れない米国流の交渉で身も心も疲れ切った
「非常に疲れました。精神的にも」／「精神的に疲れましたね」
緊張、不安、驚き／不安な気持ちでいた
年明け早々、自分に課せられる使命

〈日本に帰ってきた松坂を表現する言葉〉
質問の合間にも自然と笑みがこぼれる／思わず口から本音が漏れた
再び祖国日本の地を踏みしめる足取りは軽やかだった
日本の空気が気持ちをほぐし／久しぶりの日本に安どの表情を見せた
「今はホッとしています。日本でゆっくりしたいです」／胸をなでおろしていた
倫世夫人の誕生日／すぐにクリスマスも迎える／待ち遠しかった年末の家族行事

（06年12月19日の朝日、毎日、日刊スポーツ、スポーツニッポン、スポーツ報知、サンケイスポーツから抜粋）

アメリカは「試練の場所」であり、日本は「落ち着ける場所」という対比がくっきり出ているのではないだろうか。

松坂は〈空前の大型契約〉をまとめるためにアメリカに行っていたのだから、それは大変だったにちがいない。同じことを日本でやっていたとしても、〈「非常に疲れました。精神的にも」〉と言いたくなるような経験だろう。だからアメリカでの松坂を表現するのに〈嵐のような〉〈激動の〉〈慣れない米国流の交渉〉といった表現が使われるのは、仕方のないことかもしれない。

しかし注目したいのは、アメリカでの松坂を表現する言葉との対比において、日本に帰ってきた松坂について使われている言葉の特徴だ。帰ってきた松坂を落ち着かせているものとして、アメリカでの交渉を終えたという達成感のほかに、もうひとつ何か説明しがたいものが描かれている。

ここにあげたなかでは〈日本の空気〉という表現が、その説明しがたいものを最もよく表しているだろう。松坂がアメリカで疲れきった理由は〈慣れない米国流の交渉〉という具体性のあるものだが、松坂を日本でリラックスさせているのは〈空気〉に代表されるような実体のないものだ。

そこに包み込まれた松坂は、〈自然と〉笑みをこぼし、〈思わず〉口から本音をもらし、〈足取りは軽やか〉になり、知らず知らずのうちに〈安どの表情〉を見せてしまう。

松坂大輔が落ち着ける場所は理屈抜きに日本であるというメッセージを、新聞は言葉のあいだに忍び込ませている。

日本食の呪縛

「空気」のようなあいまいなものだけではない。日本人選手が外国へ渡るとき、スポーツニュースは日本人としての具体的な「試練」を背負わせている。

そのひとつが食生活だ。外国の食事は日本人選手が苦労するものであり、そのため日本にいたときと同じように日本食を確保することが重要な課題とされる。

スポーツニュースは松坂大輔にも、この食文化の試練を背負わせた。松坂がアメリカで行う自主トレに家族を連れていくことを報じた記事（日刊スポーツ　06年12月4日）は、夫人が一緒に行くことの大きな利点として、食生活の充実をあげている。

松坂にとって、夫人の作る日本食は〈欠かせない栄養源〉だと記事はいう。〈低カロリー高たんぱくの食生活を心掛けている松坂には、肉類の食事が日常的な米国にあっても、体調を壊さず、自分の目指す体に仕上げ〉ることがなにより大切らしい。

でも重要なのが〈低カロリー高たんぱくの食生活〉だというなら、夫人の作る日本食でなくてもいいように思える。アメリカ人はダイエット好きだから、多くの人が〈低カロリー高たんぱくの食生活〉をとっくに実践しているはずだ。それにアメリカは多民族国家なので、ボストンのような大都市であれば世界中のさまざまな民族の料理を味わえるし、〈低カロリー高たんぱく〉の食事もできるだろう。

〈肉類の食事が日常的な米国〉という言い方は、そうした実情を無視してかかることで、夫人の手料理（＝日本食）の重要性を際立たせている。

だが、こんなつっこみをはねかえすかのように、次に記事は夫人の手料理の魅力を細かな取材に基づいて伝えてくる。

〈倫世夫人が作る大好物の「魚のホイル焼き」「野菜の煮物」「うなぎ料理」は、良好なコンディションを維持するための死活問題にもなりかねない。渡米後も日本と同様の食生活で体の基礎を作り上げ、つわものぞろいのメジャーリーガーたちに立ち向かう決意だ〉

「魚のホイル焼き」「野菜の煮物」「うなぎ料理」というメニューの具体性が読者の共感を呼び、日本人のアイデンティティーに訴える。やっぱり日本人は日本食だよな、と思えてくる。

でも、松坂はせっかくアメリカで暮らすのだ。〈渡米後も日本と同様の食生活〉を続けると決め込まずに、現地のスーパーで簡単に手に入る食材を活用して〈低カロリー高たんぱく〉な現地の料理を作ってもらってもいいんじゃないか。たまに日本食が恋しくなったら、そのときは「魚のホイル焼き」や「野菜の煮物」にすればいい。そのくらいの構えでいたほうが、外国での生活を楽しめるように思う。

しかしスポーツニュースにそうした発想はないらしく、夫人の作る日本食が〈死活問題にもなりかねない〉と断言する。

スポーツニュースは松坂に、「野菜の煮物」を食べて〈つわものぞろいのメジャーリーガーたち〉に立ち向かってもらいたいようだ。〈つわものぞろい〉という古めかしい表現が、前に出てきた〈肉類の食事が日常的な米国〉というフレーズと重なり合う。メジャーの〈つわもの〉たちは、肉ばかり食べているアメリカ人の大男というイメージのようだ。もっとも、今ではメジャーリーガーの4人に1人は中南米やアジアなどから来た外国人であるし、魚や豆料理をけっこう食べていると思うのだが。

レッドソックス、日本食導入の決断

スポーツニュースが心配していた松坂の食生活について、大きなニュースが飛び込んできたのは07年2月だった。レッドソックスがクラブハウス内の選手用食堂に日本食を用意することにしたという。

〈球団首脳が（…）「1億ドル右腕」を強力サポートしていく大号令をチーム内に発令。キャンプ、シーズン通じてクラブハウス内に、日本食を用意する異例の方針を打ち出した（…）／早速、松坂もリクエストする日本食を熟考。「何かなあ。うどん、そばかな。あと、みそ汁」パワーの源となる日本の〝ソウルフード〟もチー

ムに用意された。松坂のサクセスロードは、さらに鮮明に見えてきた〉（スポーツ報知　07年2月22日）

松坂にとって日本食は〈パワーの源〉であり、〈サクセスロード〉を〈さらに鮮明〉に見せるものと位置づけられている。別の新聞はこの話題にからんで、他の日本人メジャーリーガーの食生活対策にも触れている。

〈チームの食事に日本食を導入した球団は例がない。昨年レンジャーズの大塚がおにぎりを持参して食べていたことから、チームスタッフが作り始めた例があるくらいだ。松井秀（ヤンキース）は米中心の料理を持参し、チーム食にはほとんど手をつけなかった〉（スポーツニッポン　同）

大塚晶則や松井秀喜など、他の日本人メジャーリーガーも食生活に苦労していることが書かれている。だからこそ、名門チームであるレッドソックスがわざわざ日本人選手のために日本食を用意するというニュースは、読者の日本人アイデンティティーに訴えかける。

日本人メジャーリーガーたちが、本当はどれだけ日本食を求めているかはわからない。松井秀喜は著書『不動心』のなかで、アメリカに来てからインド料理や東南アジア料理をよく食べるようになったとして、「食事でいえば、もう今は、アメリカでもまったく困っていません」(60ページ)と書いている。

日本食がなかったらなかったで、松井秀喜はそれなりに順応しているのだろう。松坂の住むボストン以上に、世界中の料理が味わえるニューヨークで暮らしているのだから、このスタンスでいくべきだ。記事には松井秀喜が〈米中心の料理を持参し〉とあるけれど、これはおにぎりなどではなく、インドネシア料理のナシゴレンやメキシカン・ライスサラダあたりかもしれない。

スポーツニュース自身は異文化の食事がまるっきりだめな人のようだが、食べ物の好みも外国での暮らし方も人それぞれである。松坂や松井秀喜に、うどんやそば、おにぎりを無理に食べさせて、外国で暮らす楽しみのひとつを奪わないでほしいと思う。

けれども、ここまでスポーツニュースが日本食にこだわる裏には、もっと大きな理由があるようにも思えてくるのだ。

試練としての英会話

スポーツニュースが日本人メジャーリーガーに与えるもうひとつの試練がコミュニケーションだ。

メジャーでプレーすることが決まると、すぐに「英語はできるのか」というところに関心を向ける。やがて「英語が課題」「英語を特訓中」「英語に不安は残るが」といった話を伝えはじめ、入団会見では英語であいさつをしたかどうか、どこまで英語で話したかを話題にする。

日本人メジャーリーガー歴代最高の入団会見を行ったのは、97年にアナハイム・エンゼルス（当時）に入団した長谷川滋利だろう。「エンゼルスについて何を知っているか」とアメリカ人記者に聞かれた長谷川は「ピッチャー・イズ・ミッキーマウス。キャッチャー・イズ・ミニーマウス」と英語で答えて会場の爆笑を誘った（日刊スポーツ 97年1月16日）。

ディズニーランドが地元アナハイムにあることにかけているのだが、アメリカ文化の総本山であるディズニーをさらりとジョークに盛り込む機転がすばらしい。こんなことができるのは、英語のビジネス書を読みこなし、ロッカールームでも経済紙のウォールストリート・ジャーナルを読んでいたといわれる長谷川くらいかもしれない。

だからスポーツニュースが日本人選手の英語力を心配するのも無理はないのだが、これも食生活と同じく、ちょっと心配しすぎなのだ。

スポーツニュースは日本人メジャーリーガーのそばに、言葉の面で支える人がいることを確認したがる。松坂大輔がメジャー初勝利をあげたときに新聞が載せた倫世夫人のプロフィールには〈高校時代に米国留学経験があり、英検は準1級〉（スポーツ報知 07年4月7日）と最後にさりげなく書かれ、松坂をサポートできる英語力の持ち主であることを暗に伝えている。

ヤンキースの井川慶には、もっと心強い支えがついている。専属通訳の渡辺弓太郎氏だ。〈英語がたどたどしい左腕に寄り添う巨漢は身長193センチ、体重百十数キロ。身長186センチの井川投手より目立つことも〉（朝日 07年4月6日 以下同）と評される彼は、東関親方（元関脇・高見山）の長男である。

〈英語も日本語も自在〉に使える渡辺氏の役割は〈通訳だけではない。井川投手に大リーグ事情や車の給油の仕方も教え、「落ち着いて野球ができる環境を作るのが役目」〉であり、〈「慶ちゃん」「弓さん」と呼び合い〉〈「弟みたいな存在」〉として井川を支えているという。

こんな人がそばにいるなら安心である。この記事が書かれたのは、英語が得意ではない井川を高見山の長男が助けているという構図があるからだ。ハワイから日本へ渡り、初の外国出身関取として成功した高見山の、日本人への「恩返し」の物語に読めて仕方がない。

城島健司は英語で「チャック開いているよ」と言っていた

メジャーリーグでプレーする日本人選手のなかで、とりわけ英語でのコミュニケーションが注目されたのが、シアトル・マリナーズの城島健司だ。メジャー初の日本人捕手だったためだろう。捕手の場合は、投手と十分にコミュニケーションをとることが重要とされる。

メジャーリーグに渡った06年、城島はキャンプからシーズン終了まで英語によるコミュニケーションについて記事を書かれつづけている。2月のキャンプでは、まずチームメイトに英会話力を試されたという。

〈背番号2の真新しいユニホームを着てブルペンに入った城島に〝抜き打ちテスト〟が待っていた。通算205勝の43歳左腕モイヤーが声を掛けた。「お前、誰?」。(…)予期せぬ質問にあ然。しばらく間が空いてから「ジョー」と答えると、今度は「ジョー? どこから来たんだ?」。英語力を試す狙いがあったが、緊張気味の城島は完全にフリーズだ〉(スポーツニッポン 06年2月18日)

このとき城島は、「お前、誰?」程度の英会話に問題はなかったのだろう。すでに仲のよかったモイヤーが突然そう言ったから、質問の意図がわからなかっただけのことだ。記事はチームメイトのいたずらとして伝えているが、それでも〈〝抜き打ちテスト〟〉〈緊張気味〉といった表現は、英語を「勉強中」の城島を見守る目線を感じさせる。

これならまだ、キャンプ中のほほ笑ましいエピソードだ。しかし開幕が迫ると〈習いたての英語で「言葉の壁」をどう克服するか〉(毎日 06年4月3日夕刊)と、かなり真剣に英語力を心配されている。

そんな周囲の不安を打ち消すかのように、城島は開幕デビュー戦の2打席目に早くもホームランを放つ。しかし、その活躍を報じる記事に添えられた城島のインタビューは、なぜか英語の話から始まっている。

〈――英語でのコミュニケーションについて。
「難しい話はしていない。ゲームでは短い言葉だが、十分言葉を交わせたと思う」〉
（スポーツ報知　06年4月5日）

城島の1年目のシーズンにチームはア・リーグ西地区の最下位に終わったものの、城島自身はメジャーリーグの捕手のなかで2番目に多い出場イニングを記録した。チームに信頼されていた証拠だろう。しかし、そんなシーズンを総括する記事も〈英語力は上達しているとはいえ、声を出してグイグイ引っ張っていたソフトバンク時代と比較するとまだ物足りない〉（スポーツニッポン　06年10月3日）と、最後まで英語力を気にしている。

メジャー1年目の城島健司はキャンプからシーズン終了まで、スポーツニュースに英語力を心配されつづけた。だが2年目の07年になると、捕手としてのコミュニケーションをあれこれ言う記事は見当たらなくなった。なぜだろう。

本当の理由はわからない。たしかなのは、その理由がなんであろうと城島には関係がないということだ。なぜなら城島自身は1年目から、英語によるコミュニケーションに問題を感じていなかったのだから。

英語力を心配する記事に埋もれていたが、ほとんど1本だけ、城島が自分のコミュニケーション力について率直に語った記事がある。

〈――指摘されていたコミュニケーションの問題は？

グラウンドで困ることはない。野球をしにいろんな国から集まってきているわけだし、英語をしゃべれない圏外から来ているキャッチャーの方が、むしろいっぱいいるんで。（相手打者との会話では）チャック開いているよって教えてあげること、よくあります（笑い）〉（毎日　06年8月5日夕刊）

メジャーリーグには英語圏以外から来ている捕手のほうが多いくらいだと、城島は言っている。城島の英語力が問題だとしたら、他の多くのチームも捕手の英語力を心配しなくてはならなくなる。

しかも、城島は1年目から「チャック開いているよ」と打者の集中をかき乱すようなことを言える余裕と英語力があったのだ。

スポーツニュースは何を心配していたのだろう。

「日本人の物語」はなぜつくられる

食生活とコミュニケーション。この二つは、メジャーリーグでプレーする日本人選手に課せられる「物語」の仕掛けのような働きをする。「食事や言葉のむずかしさがありながら、海の向こうで挑戦を続ける日本人選手」という物語のなかで日本人選手を見つめるよう、スポーツニュースは私たちを導こうとする。

この物語は、なぜつくられるのか。スポーツニュースの感覚がグローバル化の時代に合っていないというのは簡単だが、物語をこれほど執拗に繰り返すのには何か理由があるはずだ。

それはおそらく「私たち」という感情を確認するためだろう。日本人としてのアイデンティティーが希薄になりがちなグローバル化の時代だからこそ、「私たち」の一体感を確認するために「日本人の物語」が必要とされる。スポーツニュースはその物語づくりに手を貸し、日本人メジャーリーガーに「試練」を背負わせる。

そのため物語を構成する要素には、落ち着ける「空気」や、食生活、コミュニケーションなど、日本人の多くが理屈抜きにその感覚を共有できるものが選ばれる。その理屈抜きの感覚を共有できるのは、日本人である「私たち」しかいないからだ。

これとは逆のケースもありそうだ。海外に渡った日本人選手が現地の言葉で物おじすることなく話す姿がスポーツニュースで伝えられれば、「グローバル化した世界で成功した日本人」という新しいモデルを提供することになる。

そんなニュースを見る私たちは、どこかせき立てられるような思いをいだくかもしれない。新しい日本人のモデルに「せき立てられる」という感覚も、私たちが日本人だからいだくものだ。

スポーツニュースはさまざまなかたちで「日本人らしさ」をつくりあげ、さりげなく、けれども執拗に私たちに伝えている。

第6章　世界中で刷り込まれる〈国民〉

スポーツニュースが人びとに何かを刷り込んでいるのは、もちろん日本だけの話ではない。世界中のスポーツニュースが、多かれ少なかれ「国づくり」にかかわっている。ただしその方法にも、お国柄というものが反映される。それぞれの国でスポーツニュースがどんな「国づくり」をしているかをみていくと、その国の事情がわかってくるということもありそうだ。

アメリカ、アルゼンチン、ヨーロッパ、そしてイギリス（イングランド）のケースをみてみたい。

■アメリカ

つくられるロールモデル

英語に「ロールモデル（role model）」という言葉がある。

英和辞書では「手本（模範）とされる人」という意味なのだが、アメリカの新聞・雑誌はこの言葉がとても好きらしく、とにかくやたらと使うのだ。

ニューヨーク・タイムズのウェブサイトでざっと検索してみても、「上院のロールモデル、91歳で死去」「ファッション界、ロールモデル不在の悩み」「ゲイのロールモデルになった男」など、ロールモデルがざくざく出てくる。

日本語で「手本」「模範」というと、小学校の予定調和的な道徳の授業を受けているようなクサい感じが残るが、ロールモデルという言葉にはそのクサさがないように思う。そうじゃないと、これだけ頻繁に使えないのではないか。アメリカには「人生の手本を見つけ、それをめざして前に進もう」という空気が日本より強いということなのだろう。

いまニューヨーク・タイムズで検索した例は、「上院の」「ファッション界の」「ゲイの」というように、分野ごとのロールモデルの話だった。だが、そうした限定のない絶対的な「アメリカのロールモデル」と呼ばれる人たちが、ときおり登場する。

アメリカのロールモデルを生む分野のひとつがスポーツである。アスリートとしてとびきり偉大なパフォーマンスを続けているだけではなく、アメリカ人が見習うべき価値観を体現している選手がロールモデルと呼ばれ、追い求めるべき「理想像」とされる。

そこでは、社会の主流な価値観がロールモデルとしてのスポーツヒーローに投影され、スポーツヒーローはその価値観を体で現し、さらに強化していく。

この過程のなかでスポーツニュースが大きな役割を果たす。アメリカのメディア研究者ランス・ストラーテは「ヒーローというものはいない。ヒーローについての情報があるだけだ」と書いている。人びとはヒーローを物語やイメージといった情報を通じてしか知ることができない。そして物語やイメージを伝えるのは、スポーツニュースをはじめとするメディアだ。

アメリカのスポーツ界に生まれた古典的なふたりのロールモデルのつくられ方をみてみたい。野球のノーラン・ライアンと、アメリカンフットボールのジョー・モンタナである（この項は、リア・バンデバーグの論文に多くを負っている）。

「成功した労働者」「よき父、よき夫」

ノーラン・ライアンは、いまメジャーリーグに増えている40代オヤジ投手の草分け的存在である。

93年まで27シーズンにわたってメジャーで活躍し、324勝をあげて46歳で引退した。通算5714奪三振、ノーヒットノーラン7回はメジャー記録。42歳でシーズン300奪三振を達成したのもメジャー最年長記録であり、オールスター戦でも最年長の勝利投手になった。偉大なスポーツヒーローとなるためのテストは軽くパスしている。

しかしアメリカのロールモデルになるには、これだけでは足りない。社会で主流な価値観に訴えかけるものが必要だが、ライアンはこの点でも楽勝だった。

メディアはライアンのキャリアを通じて、彼の勤勉さ、家庭生活への献身、謙虚で健全なライフスタイルにスポットを当てつづけた。

ライアンがメジャーリーグ最多となる通算5度目のノーヒットノーランを達成したとき、メディアは彼がシャンパンではなくオレンジジュースで祝ったことを伝えた。7度目のノーヒットノーランを達成したあとも、いつもどおりジムへ行き、エアロバイクのペダルを踏みながら記者の取材に応じたことを伝えた。

ライアンは生まれ育ったテキサスの小さな町にずっと住み続け、高校時代のガールフレンドと結婚し、3人の子供をもうけている。このプロフィールも完璧だ。

そんな選手でも、たたけばホコリは出るだろうと思ったジャーナリストがいた。ダラス・モーニング・ニューズでスター選手のスキャンダルを次々と暴いていたスキップ・ベイレスという男である。

ベイレスはスクープをねらって、ライアンの周辺を徹底的に洗った。ところが唯一見つかったライアンの汚点は、ボールを変化させるため表面にわざと傷をつける「スカッフボール」をやったと一度だけ疑われたというものだった。さしものベイレスも「大金を手にした野球のスター選手が、あれほど慎ましやかで清廉な生活を送れるものなのか」と、89年に書いた記事で白旗を掲げている。

シーズンオフになると、ライアンはテキサスにある自分の農場で牛の世話をした。そんな「西部男」のイメージは、コマーシャリズムにも使われた。ライアンは多くのCMに出演したが、なかでもラングラージーンズのCMでは、野球のユニフォームにラングラーのジーンズをはき、カウボーイハットをかぶってマウンドに立った。

メディアが強調したライアンのイメージとは「勤勉に働いて成功した白人労働者」であり、「よき父、よき夫」であり、アメリカでは今も大切にされる「フロンティア精神に満ちたカウボーイ」だった。

苦難を乗り越えた物語

アメリカンフットボールで「史上最高のクォーターバック」といわれたジョー・モンタナも、アメリカ的価値を体現したスポーツヒーローだった。

モンタナは79～94年の現役時代に、サンフランシスコ・フォーティナイナーズを4度にわたってスーパーボウルの王座に導いた。そのうち3度はみずからMVPを獲得した。もちろんNFL（全米プロフットボールリーグ）の最多記録である。

メディアに映ったモンタナのイメージを研究したニコル・ミュラーによれば、メディアはまずモンタナが平均的な家庭の生まれであることを強調していた。さらにフィールド内での並はずれたパフォーマンス、どんな局面でも冷静さを失わない精神力、86年の大手術をはじめ数々の苦難を乗り越えた力、平和な家庭生活、そして経済的な成功を収めたことが、繰り返し強調された。

いうまでもなく、モンタナの人生はおびただしい量のナラティブ（物語）になった。たとえば、こんな語り口である。

〈彼の人生は挑戦の連続だった。彼はそのたび苦難を乗り越えた。（…）コーチは最初、彼をベンチに置いた。彼はそのシーズンのうちにポジションを奪った。彼はベスト（最高）だった。（…）フォーティナイナーズは彼をドラフトの3巡目でようやく指名した。彼はまた苦難に出あった。彼はベストだった。背中の手術を受けたとき、医師はもう二度とプレーできないと言った。彼はそれも乗り越えた。そして今、彼はベストだ〉（スポーツ・イラストレイテッド　90年12月24日号）

ライアンもモンタナも、偉大なアスリートであったことはまちがいない。だが3章でみたように「物語」はヒーローをつくる。ヒーローの物語がアメリカ的価値観を満たしていれば、彼はロールモデルになる。

やがてロールモデルはひとり歩きする。ライアンがスカッフボールをやったという噂は、彼の名声を損なうことはなかった。モンタナにとって4度目となった90年のスーパーボウルの直前に「NFLのクォーターバック数人がコカインを使った」という噂が流れたが、あいまいな噂のなかにもモンタナの名前だけはあがらなかった。

メディアにつくられたロールモデルは、ちょっとやそっとのことでは壊れない。それはロールモデルとなった個人よりも、ロールモデルの体現する価値観のほうがはるかに重要になっているからだろう。

メディアがスポーツヒーローをつくり、ヒーローの担う価値観がアメリカをつくる。その価値観に基づいて、メディアはまたヒーローを再生産する。ロールモデルを求めつづけているこの国には、そんな側面がありそうだ。

■アルゼンチン

あの華麗なサッカーはスポーツニュースが生んだ

アルゼンチンのサッカーと聞いて、何を思い浮かべるだろうか。細かくて美しいパスワーク、高いテクニックに裏打ちされたドリブル、ディエゴ・マラドーナの数々のスーパープレー……。

おそらくそんなところが、今のアルゼンチンサッカーのイメージだろう。ラテンアメリカぽくって、創造力と想像力にあふれた華麗なサッカー。けれども、このスタイルはアルゼンチンサッカーが初めからそなえていたものではなかった。

アルゼンチンが今のようなサッカーをするようになった裏には、スポーツニュースの力もあった——という論文を書いた人がいる。エドゥアルド・アルチェッティというアルゼンチン生まれの社会人類学者である。学術論文なのだが、書かれているのはアルゼンチンサッカーのイメージがどう変わり、その変化が社会をどう変えたかという興味深い話だ。その知られざる物語を追ってみる。

今となっては信じがたいことだが、アルゼンチンのサッカーは20世紀初めまでイギリス式の「キック・アンド・ラッシュ」が主流だったようだ。長いパスを出して走り込み、耐えに耐えて勝利をもぎとる体力勝負のサッカーである。世界の多くの国と同じく、アルゼンチンにサッカーをもたらしたのはイギリス人だったためだ。

19世紀末にイギリス人がサッカーを持ち込んだとき、つくられたクラブはイギリス系の学校を土台にしたものが多かった。だがさらにサッカーが普及していくと、首都ブエノスアイレスの工業地区にもクラブが生まれていった。アルゼンチン人はサッカーをしだいに「国民的」なものにしていった。

1920年代、アルゼンチンサッカーに転機が訪れる。この国の人びとは強さや持久力よりも、ボールを操る技術を追い求めはじめた。ドリブルのうまい選手が人気を集めたのはもちろん、オーバーヘッドキックが得意だとか、ダイビングヘッドがトレードマークといった選手がたくさん出てきた。

そんなころ、1922年にハンガリーの名門クラブ、フェレンクバロスがアルゼンチンにやって来た。ハンガリーの選手は技術が高く、ドリブルがうまかった。アルゼンチンの人びとは「これだ!」と思った。俺たちがやりたいのは体力勝負のサッカーじゃない、テクニックとファンタジーのサッカーだ……。

1925年、ブエノスアイレスのクラブ、ボカ・ジュニアーズがヨーロッパに遠征する。これがアルゼンチンサッカーに独自のスタイルを生みだす大きな転換点となった。このときボカは、すでにエレガントな動きや正確なボールコントロール、技術の高いドリブルを基本にしたプレーをするようになっていた。このスタイルで戦ったヨーロッパ遠征で、ボカは15勝3敗という圧倒的な成績を収めた。

ヨーロッパ人はボカのプレーに驚いた。彼らの目には、とても芸術的な、もしくはサーカスのようなサッカーにみえた。一本調子のキック・アンド・ラッシュとは対照的に、ボカはフィールド内のエリアに応じてプレーのリズムを大きく変えた。中盤まではゆっくりと、だがゴール前では素早く動き、ゴールを量産した。

身体的な強さや持久力を発揮しなくても勝てるサッカーがあったのか。ボカはヨーロッパの人びとに、そんな強烈な印象を残した。ヨーロッパがアルゼンチンを「認めた」のである。

「欧州、ボカに驚愕！」。日本のスポーツ新聞流の見出しにすれば、そんな感じだっただろうか。1920年代のスポーツニュースが、ボカがヨーロッパで圧倒的な強さを見せたことをアルゼンチンに伝えた。

アルゼンチン人にとっては、いうまでもなく、うれしいニュースだった。ボカが勝ったことだけではない。「我々のサッカー」がヨーロッパに認められたことが、アルゼンチン人のアイデンティティーに訴えかけた。このときアルゼンチンの国民的なサッカーのスタイルが生まれ、その後も長く続く伝統となった。

「男らしさ」を定義しなおす

と、ここまでの話だけでも興味深いのだが、アルチェッティの論文はこれからがヤマ場だ。新たに生まれた華麗なサッカーが、アルゼンチン男性のアイデンティティーに影響を及ぼしたというのである。

ファンタジー、創造的、華麗という、アルゼンチンサッカーの新たに「創られた」伝統は、労働、規律、努力といったものの対極にあった。サッカーという国民的スポーツに生まれた国民的なスタイルが、地道な努力とは逆のものを象徴するようになった。これがアルゼンチンの「男らしさ」の意味に影響を与えていく。

アルゼンチンはその後の国際大会でも好成績を収めた。1928年のアムステルダム五輪と1930年に開かれた第1回ワールドカップで、ともに決勝に進出。しかし、いずれもウルグアイに敗れた。

それでもアルゼンチンのプレースタイルは、またも世界に強い印象を残した。イタリアのあるジャーナリストは、1930年のワールドカップ決勝についてこう書いた。「アルゼンチンは想像力あふれる華麗なフットボールを展開した。しかし技術で上回っても、戦術の欠如は補えない。ウルグアイはアリで、アルゼンチンはセミだった」

「アリとセミ」はイソップ童話からの比喩である。原作は「アリとセミ」だったが、ヨーロッパ中部以北や北アメリカにはセミがほとんどいないので「アリとキリギリス」に変えられて世界に広まったという。

「セミ」は、まさにアルゼンチン男性があこがれていた自己イメージだった。労働よりファンタジー、規律より創造性、努力より華麗さ。サッカーの代表チームがそのイメージを体現し、国際大会で好成績を収め、しかもヨーロッパにも認められるようになった。俺たちは「セミ」でもいいんじゃないか、いや俺たちはもう「セミ」なんだと、アルゼンチンの男たちが思ったとしても不思議はなかった。

男らしいスポーツの代表であるサッカーが、理想化された「男らしさ」とは対極のイメージをアルゼンチン男性に刷り込む役割を果たした。このためアルゼンチン社会では、リーダーシップや忍耐力、勇気といったものが強調されなくなったと、アルチェッティは書いている。

スポーツニュースが国民的なサッカースタイルをつくり、そのスタイルが男たちのアイデンティティーをつくる。興味深くもあり、恐ろしくもある。

■ヨーロッパ
炸裂するステレオタイプ

ここでちょっと、気分転換のために視点を広げてみたい。

というわけで、ヨーロッパ大陸である。あれほど国がひしめきあって、いくつもの国と国境を接していれば、さぞ「国づくり」は大変だろう。そんなところだからこそ、

「国」をイメージさせる仕掛けがあるはずなのだが、スポーツニュースがそのあたりで何かやっていないだろうか。

案の定、やっていた。スポーツニュースがヨーロッパの国それぞれについて、国民性のステレオタイプをつくる手助けをしていることを示した研究がある。イギリスのメディア学者、ヒュー・オドネルが行ったものだ。ステレオタイプがあれば「我々」と「彼ら」の違いがわかりやすく見えるので、国民のアイデンティティーをつくるのにけっこう役立つ。

オドネルはヨーロッパ15カ国の53の新聞・雑誌に掲載されたスポーツ記事を調べ、そこに見えたステレオタイプを引っぱりだして、検討を加えていった。彼が取り上げた新聞・雑誌は、大衆紙に高級紙、スポーツ紙、一般の雑誌など種類はさまざまだった。それなのに、それぞれの国民のステレオタイプは、どの新聞・雑誌をとっても、どの国のものをとっても「驚くほどの一貫性」があったという。

ところで、「ステレオタイプ」という言葉がもともとは印刷業界の用語だったことはご存じだろうか。ステロ版（鉛版）印刷術を指す英語だったのだが、これをアメリカのジャーナリストで造語の才にたけていたウォルター・リップマンが、「判で押したように多くの人が共有する固定観念」を表す言葉として鮮烈にデビューさせた。1922年の著書『世論』でのことである。

この本のなかでリップマンは、なぜステレオタイプがはびこるのかを考えた。彼の答えはいたってシンプルで、「ステレオタイプで世の中を見たほうが楽だから」というものだった。

ステレオタイプにのっかってしまえば、自分で世の中を観察して考えなくていい。ステレオタイプがあると、私たちは「観察してから定義するのではなく、定義してから観察する」ようになると、リップマンは書いている。「私たちは、文化が定義済みのものを拾い上げるだけになる。文化がステレオタイプのかたちにしたものを拾い上げ、それを理解するだけになる」

オドネルの研究でみえた国民のステレオタイプは、次のようなものだった。


〈ヨーロッパ北部〉

スカンディナビア諸国、とくにスウェーデンの選手には「冷静」(英語では cool)という形容詞が頻繁に使われる。テニス選手のビヨン・ボルグは圧倒的な強さのためにクールさがふくれ上がったのか、「アイスバーグ（氷山）」とか「アイス・ボルグ」とも呼ばれた。「冷静」というイメージの裏返しで、スウェーデン人には「寡黙」「活力がない」「退屈」というステレオタイプも強く表れている。

〈ヨーロッパ中部〉

ドイツ人は「強い精神力」「規律が高い」「効率がいい」「勤勉」「課題を把握している」「頼りにできる」。

イギリス人（おもにイングランド人）は「勇敢」「あきらめない」「献身的」「闘争心が強い」。

フランス人は「合理的」「教養がある」「華麗」「才能」「インスピレーション」「魅力」「上品」。

〈ヨーロッパ南部〉

「気まぐれなラテン系」というステレオタイプが強烈に表れる。たとえば「情熱的」「激しやすい」「軽薄」「快楽主義的」「官能的」。

〈中南米〉

プラスのイメージは「創造性」「才能」。マイナスのイメージは「規律が低い」「合理的でない」「向こうみず」「気性の起伏が激しい」「怠惰」「口先だけ」「自己中心的」。


私たち日本人が意外と思うようなステレオタイプは、ほとんどなかったのではないだろうか。考えてみれば、これはとても恐いことだ。ヨーロッパの国民について、ヨーロッパの人びとも日本人の私たちも同様のステレオタイプをイメージしているなら、それを形づくるものには、世界中に同じステレオタイプをまきちらすだけのパワーがあることになる。

ステレオタイプが示す「中心」と「周縁」

さて、オドネルの研究はまだ終わっていない。

15カ国の新聞・雑誌にみえたステレオタイプをもとに、オドネルはさらに分析を続けた。彼が考えたのは、ヨーロッパに張りめぐらされたこの「ステレオタイプ網」の中心はどこかということだった。

なぜオドネルはそこにこだわったのか。彼にはこんなに濃厚に出ているステレオタイプが、ヨーロッパ大陸のなかで均等に生まれたものとは思えなかった。どこかにステレオタイプをつくる中心がある。その中心が見つかれば、それはおそらくスポーツにとどまらず、人びとの暮らしすべてにかかわる領域にも影響する何かがみえるのではないかと、彼は考えた。

オドネルの分析はこんなふうに進んだ。

スカンディナビア人には「冷静」というステレオタイプがみられたが、当のスカンディナビア人はまったくそう思っていないらしい。だとしたら、このイメージはヨーロッパ北部で生まれたものではない。ヨーロッパ南部のステレオタイプはマイナスイメージが大半なので、これも南部で生まれたものではないだろう。

だとすれば、ステレオタイプ網の中心は中部（ドイツ、イギリス、フランス）にあるのではないか。オドネルはそう考え、次のような結論を導きだした。

このステレオタイプ網は、中部の国が北部と南部を見るときの目を規定するためのものではないか。スポーツ記事に表れるステレオタイプはさまざまだが、ひとつ大きな共通点がある。どれも「仕事」というキーワードでくくることができるという点だ。その国民が「どれだけ仕事ができるか」という点についてつくられた固定観念を示しているのだ。

中部の国に与えられたステレオタイプをもう一度みてみると、たしかに経済的な成功のために必要とされる資質が並んでいる。規律が高い、勤勉、献身的、合理的、インスピレーション……。

北部のステレオタイプには、中部のそれと重なるものもある。けれども北部によく使われる「クール」という形容詞は、「冷淡」「うち解けない」という意味にもつながるから、中部にある「中心」から除外されているイメージがある。

一方、南部のステレオタイプには、もっと深い意味合いが読みとれる。「情熱的」「軽薄」「快楽主義的」という南部のイメージは、中部の国が「あの人たちに比べれば、私たちはこんなに経済も発展させたし、うまくやっている」と確認できる仕掛けであり、南部が発展しないのは「あの人たちがしっかり働いていないからだ」と、あくまで人びとの資質に問題があるといえるような仕掛けだという。

スポーツ記事を通してみえてきたヨーロッパのステレオタイプ網には、「中心」と「周縁」があった。このステレオタイプ網はスポーツだけのものではなく、政治、経済をはじめあらゆる分野で、他国に対する見方に影響を与えていると、オドネルは言う。ステレオタイプは「国民」のイメージをつくるうえで大きな手助けをする。リップマンが言うように、ステレオタイプがあれば、私たちは「我々」と「彼ら」の違いを観察して考えずにすむ。ステレオタイプが「我々は勤勉だが、彼らはなまけものだ」と教えてくれるからだ。

楽ではあるが、そのとき私たちは自分の目では何も見ていない。

■イギリス
大衆紙の見出しにおどる"We"

スポーツニュースによる「国づくり」が最もわかりやすく見える国はイギリスかもしれない。「国づくり」をおもに担っているのは、言いたいことを言う大衆紙だ。

よく知られるように、イギリスの新聞には高級紙と大衆紙がある。大衆紙の中身は高級紙と恐ろしく違っていて、ゴシップ、犯罪、スポーツ、芸能ネタがほとんどだ。

発行部数は大衆紙のほうがはるかに多い。代表的な大衆紙5紙を合わせて約850万部。最大部数を誇るサンは約300万部で、英語圏で最も発行部数の多い新聞といわれる。一方の高級紙はそれぞれ25万～90万部で、主要5紙を合わせても約230万部とサン1紙にも及ばない。イギリスは大衆紙の国なのだ（発行部数は07年7月、ABC調べ）。

この大衆紙のスポーツ報道が「国づくり」に、大きく、そしてわかりやすく貢献している。「ジンゴイズム（好戦的愛国主義）」と「ゼノフォービア（外国人への嫌悪）」にあふれる紙面づくりをあきれるほどに貫いているからだ。ここでは、大衆紙のそうした特徴が最もよく表れるサッカーの国際試合に関係する記事をみていきたい。

イギリス大衆紙のサッカー報道でまず特徴的なのは、ごくふつうにwe（我々）を使うことだ。見出しにも「我々」があふれている。たとえば次の2本。どちらも2000年に開かれたサッカー欧州選手権のイングランド―ドイツ戦に関する記事の見出しだ。

So can we do it?（デイリー・メール　00年6月17日）
We Beat 'Em（ニューズ・オブ・ザ・ワールド　00年6月18日）

最初の見出しは直訳すれば「我々はやれるのか」。ドイツに勝てるかどうかと言っているわけだが、このweというのはいったい誰だろう。試合をする選手を指すのなら

theyになるはずである。

　ところが大衆紙はweと書く。あえてweを使うことで、読者まで「我々」のなかに引きずり込む。読者は見出しを見たとたん、自分もweの一員になってしまえる。このweの一語だけで「国」と「国民」のイメージが瞬時につくられる。

　2本目の見出し。スポーツ報道でこれ以上、効率的に「国づくり」に貢献している見出しはおそらくない。最初にWeがあり、最後にはThemを縮めた'Emがある。しかも、あいだにある単語がBeat（たたきのめした）だから、二つのグループが争っていることがすぐにわかる。

　この見出しを日本語に翻訳するとどうなるだろうか。映画の字幕風に短く上手にやれば「勝った！」というあたりだろう。

　だがこの翻訳では、タイトルが「国づくり」に果たしている大きな役割がそぎ落とされてしまう。日本語は代名詞をいちいち使わなくても表現できるから、「我々」と「彼ら」の意味が出てこない。

　英語の見出しにはWeとThemが入っているので、イギリス人は「勝った！」というメッセージのほかに「我々」が「(我々ではない）彼ら」に勝ったという意味合いを瞬時に了解している。「我々」と「彼ら」のイメージが一瞬にしてつくられている。イギリスの大衆紙はこの We と Them のセットを頻繁に使うのだ。なんとも効率のいい「国づくり」である。

ふたつの戦争、ひとつのワールドカップ

イギリス大衆紙の「国づくり」に見られる二つめの特徴は、戦争にからむ表現をよく使うことだ。とくにサッカーの記事では、戦争の歴史をサッカーと結びつけて語ったり、戦争のイメージをかきたてる言葉を多用したりする。

大衆紙がこの戦術を炸裂させるのは、イングランド代表がドイツと戦うときだ。66年のワールドカップ決勝でイングランドと西ドイツ（当時）が対戦する前日、あるイギリスの新聞は社説でこう書いたという。

> If perchance, on the morrow, Germany should beat us at our national game, let us take comfort in the fact that we have twice beaten them at theirs.

（万が一のことがあって、明日、ドイツが我々の国民的なゲームで我々を破ったと

したら、そのときは心の慰めに思い起こそう。我々は彼らの国民的なゲームで、彼らを2度破っているという事実を）

「彼らを2度破っている」というフレーズは、いうまでもなく2度の世界大戦を指している。この文で効いているのは、at our national game と at theirs の対比だ。「我々の国民的なゲーム」はサッカーを指しているが、これに対応させて戦争のことを「彼ら（ドイツ人）の国民的なゲーム」と皮肉っている。

イギリスの大衆紙がドイツに向ける目線は、これが基本になっている。「我々」は「彼ら」に2度の戦争で勝った、「彼ら」は独裁主義の下にヨーロッパの近隣諸国を侵略したが、「我々」は民主主義の名の下に「彼ら」に勝ったのだ。こうして国民的記憶を呼びさまし、イギリス（イングランド）人としてのプライドをくすぐって、「我々」の一体感をつくりだす。

66年のワールドカップ決勝は、ボールがゴールに入ったかどうかが後々まで論議の的になるというおまけまでついて、イングランドが西ドイツを4—2で下した。この優勝以降、イングランドのサポーターはドイツとの対戦になると、"Two World Wars and

One World Cup, doo-dah, doo-dah” というチャント（応援コール）を歌うようになった。「ふたつの世界大戦と、ひとつのワールドカップ」で俺たちは勝ったぞ、という意味だ。

90年のワールドカップ・イタリア大会準決勝でイングランドが西ドイツと対戦する当日、大衆紙サンが掲げたタイトルはこのチャントと同じ調子だった。

We beat them in ’45, we beat them in ’66, now the battle of ’90.
（45年に我々は彼らに勝った。66年にも我々は彼らに勝った。いま90年の戦いが始まる）

66年の新聞の社説と違うのは、（西）ドイツを破ってワールドカップを制したという事実が加わったことだ。このときすでに66年の優勝から24年が過ぎているから、「66年にも我々は彼らに勝った」の部分は、過去の栄光を懐かしんでいるだけだともいえる。しかし過ぎ去りし栄光へのノスタルジアを示すのも、国民に歴史を共有させて一体感を醸しだす手っ取り早い方法だ。「あのときはよかったな」という思いを共有できるのは「我々」しかいない。

ドイツとの対戦を戦争の記憶にからめて語る大衆紙の戦術は、その後も続いていく。イングランドとドイツが主要大会で最近対戦したのは00年の欧州選手権だ。試合前に掲載された次の記事は、戦争の歴史をひもといてはいないが、戦争に関係する言葉やイメージが強烈にちりばめられている。

〈戦闘開始だ（Let Battle Commence）

今夜、イギリスの2500万人のテレビ観戦者が、サッカーの試合の枠にはとどまらない衝突（clash）を目撃する。1世紀に及ぶ反目（enmity）が、イングランドとドイツの対決（confrontation）にスポーツを超えた重要性をもたらした。最近はドイツのほうが戦利品（spoil）を手にしている――90年のワールドカップと96年の欧州選手権のＰＫ戦での敗戦を誰が忘れられるだろうか。しかし戦後最も偉大な勝利（the greatest post-war victory）は、66年にイングランドがウェンブリースタジアムで手にしたものだ〉（デイリー・メール　00年6月17日）

まず見出しからサッカーの試合を battle（戦い、戦闘）と言ってしまっている。

本文に入ると、clash（衝突）、enmity（反目）、confrontation（対決）、spoil（戦利品）、the greatest post-war victory（戦後最も偉大な勝利）と、戦争にからんだ、あるいは戦争報道を思わせる表現があふれている。

A century of enmity（1世紀に及ぶ反目）という表現は20世紀の2度の世界大戦を暗に指しているから、イギリス（イングランド）人の国民的記憶と、ドイツへの対抗心を呼びさます。日本語訳ではちょっとわかりにくいかもしれないが、冒頭の「イギリスの2500万人のテレビ観戦者が……」というくだりには、戦争支援のために母国で国民が動員をかけられているようなイメージもある。

勇ましい言葉をわざと選んだり、戦争のイメージにつながる暗喩をちりばめることで、この試合がドイツとの間に続く憎悪の延長線上にあることを読者に訴えかけている。

透けて見えるコンプレックス

なぜイギリスの大衆紙はドイツが相手だと、ここまでムキになるのだろう。この点については、コンプレックスの裏返しという見方ができる。

20世紀前半のイギリスは世界の大国だった。政治でも経済でも軍事でも、スポーツでも世界をリードしていた。世界中に植民地をもち、2度の世界大戦にも勝った。

このころのドイツは、今でいう「ならず者国家」の最たるものだった。侵略戦争を引き起こしてヨーロッパを戦火に包み、ホロコースト（ユダヤ人大虐殺）という人道に対する犯罪までやった。

第二次世界大戦が終わったとき、ドイツはまさに瓦礫の山に埋もれていた。ドイツは独裁国家のなれの果ての敗者であり、イギリスは民主主義国家の代表にして勝者だった。

ところが20世紀後半に入ると、両国の相対的な地位は大きく変わる。イギリスは植民地を次々と失い、経済も衰退し、政治的な発言力も弱くなっていった。だが、（西）ドイツは徐々に復活を始める。経済は「奇跡」と呼ばれるほどの発展をとげ、政治力も増していった。

やがて欧州統合の動きが本格化すると、東西統一を果たしたドイツはその中心に座った。ところがイギリスは、欧州統合に懐疑的な立場を捨てられず、ドイツが中心的な役割を担っていることも快く思っていない。世界の大国だったころを忘れられず、ヨーロッパの「その他大勢」という今の立場と折り合いをつけられずにいる。

そんな思いを、大衆紙がすくい上げている。ドイツとの試合になると「ふたつの戦争、ひとつのワールドカップ」を持ち出して、ドイツを攻撃し、イギリス（イングランド）をたたえる。だが悲しいかな、そのときに持ち出せる最新の材料は、66年に勝ち取った1度きりのワールドカップ優勝なのだ。これがまさにイギリスの政治とスポーツの凋落を示している。

イギリスの大衆紙が激しい口調で進める「国づくり」は、とっくに消え失せた国の威光を紙の上に再現しようとする作業でもある。

イングランド─アルゼンチン戦という大河ドラマ

ドイツと並んでもうひとつ、イギリスの大衆紙が強烈な対抗心を燃やす国がある。アルゼンチンだ。

サッカーのアルゼンチン戦のたびに、大衆紙は両国のあいだの「歴史物語」を綿々と語る。新たに行われた試合がまた歴史に加わって、次の試合で語られる「歴史物語」の一部になる。12月になっても、いっこうに最終回が来る気配のない大河ドラマのようなものだ。

それぞれのゲームには、たしかにドラマがあった。ただしそれらは、単発の2時間ドラマのようなものである。その2時間ドラマをつなげて大河ドラマに構成しなおしているのは、大衆紙をはじめとするメディアだ。

ワールドカップで両国の対戦が最後に実現したのは、02年の日韓大会だ。主将デイビッド・ベッカムのPKによる得点で、イングランドが1―0で勝った。

この対決は、ベッカムが「リベンジ」を果たせるかどうかに注目が集まっていた。98年フランス大会のアルゼンチン戦で、ベッカムは挑発にのってディエゴ・シメオネを蹴とばし、退場となった。10人になったイングランドはアルゼンチンの猛攻を耐えぬいたが、PK戦で力尽きた。

ベッカムは敗戦の元凶とされ、世論のバッシングにあう。大衆紙デイリー・ミラーはこの試合の記事に「10人の勇敢なライオンと1人のまぬけ」という見出しをつけている。

だから02年大会でベッカムがみずからの得点でアルゼンチンを下したとき、日本の新聞は「ベッカムが前回大会のリベンジを果たした」というトーンで伝えた。

〈九八年フランス大会の決勝トーナメント一回戦で退場処分を受け、アルゼンチンに敗れるきっかけとなったベッカムにとって、雪辱を果たす決勝ゴールとなった〉（読売02年6月8日）

ところが、イギリス大衆紙の見方は違う。もっと歴史をさかのぼり、もっと大きな意味合いをこのリベンジに与えていた。サン紙の次の記事がいい例である。

〈デイビッド・ベッカムが札幌の対決で勝利を決定づけるPKを見事に決め、36年間に及ぶ痛みに終止符を打った。（…）／イングランドに1―0の勝利をもたらしたゴールを、ベッカムはふだんなら妻のビクトリアにしか示さないような感情をこめてユニフォームにキスをして祝った。

無理もない。66年にウェンブリースタジアムでのワールドカップ準々決勝に1―0で勝って以来、この中南米の国に初めて勝利した輝かしい瞬間だったのだから。

スタジアムではファンが踊り、母国では勝利を祝うランチタイムがそのまま夜遅くまで続くと、86年の「神の手」マラドーナや98年のサンテティエンヌのおぞましい記憶も消え失せた。／ベッカムの栄光あるPKは、4年前のアルゼンチン戦で退場になったために惨めな一時期を過ごした男が出した完璧な答えだった〉（サン02年6月8日）

冒頭のこれだけの部分に、アルゼンチンとの過去の遺恨試合がすべて盛り込まれている。いかに歴史を網羅して語ろうとしているかがよくわかる。

記事中にある〈66年〉のワールドカップ準々決勝は、アルゼンチンが汚いプレーを連発したため、イングランドのアルフ・ラムゼー監督が彼らを「アニマル」と批判した試合。〈86年の「神の手」マラドーナ〉は、アルゼンチンのディエゴ・マラドーナが左手で押し込んだゴールのこと。この得点と、直後にやはりマラドーナが見せた「5人抜きゴール」でアルゼンチンが勝った。〈98年のサンテティエンヌ〉はベッカムが退場になった試合で、サンテティエンヌはこの試合が行われた都市だ。

しかし、サンの記事はこうした細かい説明を入れていない。読者の共有する記憶とみなして、「大河ドラマ」のあらすじがわかる要素をポンポンと入れているだけだ。

さらに、日本の新聞とは「リベンジ」の意味が違う。最初の文に〈36年間に及ぶ痛みに終止符を打った〉とある。この〈痛み〉は、66年を最後にアルゼンチンに勝てずにいたこと、そのあいだにマラドーナには手でゴールを決められ、サンテティエンヌではベッカムが「はめられた」ことを指している。

記事の見出しは Moment we finally got our revenge（我々がついにリベンジを果たし

た瞬間)。サンの見方では、これはベッカム個人が4年前の雪辱を果たした試合にとどまらない。「我々」が36年間耐えてきた痛みをようやく晴らすことができた試合なのである。

いうまでもなく、見出しにはweが使われている。なにしろ、36年間も痛みを共有してきたweである。放射する一体感はすさまじい。

今日もイギリスの大衆紙は、８５０万部分の「我々」をばらまいている。

第7章　ワールドカップでつくられた〈日本人〉

〈国〉が最も見えるイベント

サッカーのワールドカップは暑苦しいと思っている人は、けっこう多いのではないだろうか。

みんなが青いシャツを着たがるのが暑苦しい。エンドレスにリプレイされるCDのように「ニッポン！」と叫びつづけるのが暑苦しい。「絶対に負けられない戦いがそこにはある」なんていう言い方は、もうとんでもなく暑苦しい。「ワールドカップ？　見てませんよ」とは口が裂けても言えそうにない空気が暑苦しい。

今は亡き天才消しゴム版画家のナンシー関は、遺稿となった02年6月のコラムでワールドカップを取り上げていた。まさにワールドカップ日韓大会の期間中に掲載されたもので、彼女が感じていた暑苦しさを絶妙な筆致で表現している。

〈何かね、もう積極的に「嫌だ」とか「うるさい」とか絡んでいく気がしないのである。もはやちょっと引き気味。怖いです。気味悪いっす。長野五輪以降、大きなスポーツイベントが来ると、人は何故か心ひとつに束ねられてしまいがちなのは解ってたけど、今回のワールドカップは束が太い。結束しているヒモがきつい。凄いな。いや、別に束ねてどうしようとしているわけではないことも、時が過ぎれば驚くほどの早さでバラけることも知ってるけど〉

（ナンシー関「テレビ消灯時間」週刊文春　02年6月20日号）

ナンシー関は野暮な言葉を使わずに書いているが、彼女が感じていた「怖い」「気味悪い」ものとは、ワールドカップで発散される日本人のナショナル・アイデンティティーだろう。

ふだんなら「美しい国」などという言葉に「ふんっ」と思っている人たちが、青いシャツを着て「ニッポン！」を連呼したり、試合中継を見ながら大騒ぎしたりして、日本人としてのアイデンティティーを発散させる。その光景が「何故か心ひとつに束ねられて」いるようで、気味悪いし、暑苦しい。

この章では、06年ワールドカップに関する新聞記事のなかで〈日本〉と〈日本人〉がどうつくられたかをみていく。ワールドカップの記事を選んだ理由は、まさにナンシー関のいう、人びとが「何故か心ひとつに束ねられてしまいがち」な場だからである。

「国」というのは私たちの心のなかに描かれているイメージとしての共同体だ。どこかにかたちとして存在しているわけではないから、目に見えて表れることはない。

そんな「国」が最も目に見えやすいイベントが、サッカーのワールドカップだ。戦うのはもちろん国の代表チームであり、選手は国のシンボルカラーを使ったユニフォームを着る。スタジアムでは国歌が歌われ、国旗が振られる。おそらくはテレビの前でも。

もちろん他のスポーツの大会でも、国歌が歌われ、国旗が掲げられることはある。しかしサッカーが特別なのは、世界で最も人気のある競技だという点だ。

国際サッカー連盟（ＦＩＦＡ）の加盟国は２０８カ国・地域と、国連の加盟国（１９２カ国）をはるかにしのいでいる（07年8月現在）。北朝鮮のように政治的問題をかかえる国や、スイスのように永世中立をかかげる国は国連に加盟していないが、みんなＦＩＦＡには加盟してワールドカップ予選を戦っている。

サッカーは「国家のつくるコミュニティー」としては世界最大ということになる。その最高峰の大会であるワールドカップは、世界は国で成り立っており、そのなかに自分の国があることを再確認できる場だ。だから、日ごろは祝日にも国旗を揚げない人たちが、日の丸を振ったり「ニッポン！」を連呼したりして、日本人としてのアイデンティティーを発散させてしまう。

そんなイベントについて書かれた記事をみていけば、新聞が〈日本人〉をどのようにつくっているかが見えやすい。それがワールドカップについての記事を分析する理由である。

無意識に描かれる〈日本〉の姿

前の章から順番に読んできた人は、ここで思うかもしれない。イギリスの大衆紙が書きたいことを過激に書いて「我々」のイメージをつくっているという話はわかった。でも日本の新聞はイギリスの大衆紙みたいな書き方はしないから、いくらサッカーの記事でも「国づくり」なんてできないんじゃないのか、と。

たしかに日本の新聞は、イギリスの大衆紙のように「我々」という言葉を使って読者の一体感を醸しだそうとはしない。サッカーのことを書くのに戦争の歴史を持ち出して相手国への敵意を煽ることもないし、そもそもワールドカップにからんで持ち出せるような戦争の歴史がほとんどない。

戦争をイメージさせる言葉をわざわざ使うことも少ない。「日の丸戦士」などというフレーズはたまに目にするが、これくらいならイギリスの大衆紙に比べればかわいいものだ。

だから日本の新聞記事で気をつけてみていかなくてはいけないのは、もっと小さくて目立たない言葉だ。イギリスの新聞のように、はっきりと愛国主義的で排他的な表現はほとんどないだろう。しかし5章でみたように、なにげなく読み飛ばしてしまいそうな言葉が、じつは〈日本人〉について何かを語っていることがある。

実際、小さくて目立たない言葉が〈日本人〉について何かを伝えているとしたら、愛国的で排他的なフレーズよりも恐い。警戒していない読者の心のなかに、〈日本人〉のなんらかのイメージを、静かにもぐり込ませてしまうかもしれないからだ。

では、新聞を開いてみよう。

なぜか地球の端っこにいる「私たち」

4章で触れたように、ベネディクト・アンダーソンは「想像の共同体」としての国民をつくる大きな要素として、時間と空間を共有している感覚をあげている。まず、ワールドカップ関連の記事が私たちに時間と空間をどんなふうに共有させようとしたかをみてみたい。

手はじめに、次の2本の記事をざっと読んでほしい。あらかじめ言っておくと、どちらもとてもつまらない。新聞のなかでも最もつまらない「社説」だからだ。でも、我慢して読み込んでいくと、おもしろいことがみえてくる（記事中の傍線は引用者による）。

〈4年に1度のサッカーの祭典ワールドカップ（W杯）が9日深夜（日本時間）、ドイツで開幕する。

地域の予選を勝ち抜いたチームに開催国を加えた32チームがぶつかり合う。1カ月間、全64試合に世界中のファンの注目が集まる。

7時間の時差がある日本では、テレビ中継は深夜から未明にかけてになる。2年前のアテネ五輪の時と同じだ。寝不足気味の顔が増えることだろう〉（読売　6月9

日）

〈4年に一度のサッカーの祭典、ワールドカップの開幕がいよいよ迫ってきた。9日から1カ月間、ドイツで繰り広げられる熱戦に人々は酔い、地球は興奮の惑星となる。

国際サッカー連盟に加盟するのは、国連より多い207カ国・地域に及ぶ。その中から予選を勝ち上がったチームに開催国を加えた32チームが王座を争う。（…）ドイツとの時差は7時間。寝不足の日々がやってくる〉（朝日　6月7日）

さて、何か気づかなかったろうか。そう、つまらなさだけではなく、内容がほとんど同じなのだ。読売と朝日という仲がいいとは思えない2紙の社説なのに、同じようなことを同じようなタッチで書いている。

まずどちらもワールドカップを〈サッカーの祭典〉というフレーズで表し、もうすぐ始まる大会が4年に1度開かれるグローバルなイベントであることを、わざわざ読者に思い出させている。

もうひとつ、ドイツとの時差が7時間だということを、どちらもわざわざ書いている。読売にいたっては〈2年前のアテネ五輪の時と同じだ〉と、最近ヨーロッパで開かれたスポーツイベントを持ち出して念押しするほどの親切さである。

さらに、どちらの社説も、時差があるからテレビ観戦で寝不足の人が増えるだろうと心配までしている。よけいなお世話だし、「ワールドカップ？　見てませんよ」という人がいることに想像力が及んでいない感じもする。

こうした奇妙な共通点は、社説というジャンル自体のつまらなさだけから生まれたものではない。2本の社説はワールドカップというグローバルなイベントの意味をていねいに説明するなかで、「私たち」のコミュニティーのことを無意識のうちに書いてしまっているのだ。

2本の記事は、まず時間を共有するコミュニティーの存在を読者に確認させている。これらの記事が言いたがっているのは「もうすぐ始まるワールドカップで、私たちは夜中から早朝にかけて同じ時間に試合を見ることになりますね、アテネ五輪のときもそうだったけれど、また寝不足になりますね。こういうスポーツ大会のときは、いつもそうですよね」ということである。

ここでは、私たちが何種類もの時間を共有していることが確認されている。社説が読まれているのは現在であり、「もうすぐ始まるワールドカップ」は少し先の未来、アテネ五輪など以前の国際スポーツ大会は過去だ。

もうひとつ、私たちは不思議な限定のついた時間を共有することになっている。夜中から早朝にかけて試合を見ることになりますね、という部分だ。それはドイツと7時間の時差があるからで、その点にも2本の社説は触れている。

さらに〈寝不足気味の顔が増えることだろう〉〈寝不足の日々がやってくる〉という言い方は、均質なコミュニティーがあることを前提にしている。夜中から早朝にかけて試合を観戦し、翌朝は寝不足に苦しむコミュニティーが存在することを前提に、そのメンバーへ向けて書いている。

そう読むと、なぜ冒頭で「4年に1度のサッカーの祭典がまもなく開幕する」とわざわざ書いたかもみえてくる。2本の社説は、日常を中断してナショナル・アイデンティティーを心おきなく発散できる4年に1度のイベントが来ることを、「私たち」のコミュニティーに知らせる予告のようにも読めてくる。

2本の社説はドイツとの時差に触れることで、共有される時間を確認しているだけでなく、その時間は〈サッカーの祭典〉が開かれている場所の時間とは大きく隔たっていることを念押ししている。社説は私たちのコミュニティーを、ワールドカップに沸く〈興奮の惑星〉の「中心」ではなく「周縁」に位置づけていることになる。

「列島」は祈り、叫び、悲鳴をあげる

時間の共有を確認する記事は、大会開幕後にもたくさん見つかる。
たとえば、この記事。

〈◆「あ〜ぁ」早朝の列島　落胆
1勝の壁はあまりに高かった——。（…）早朝の観戦となった日本列島では、奇跡を祈ったサポーターたちに落胆ムードが広がった〉（読売　6月23日夕刊）

〈早朝の観戦となった日本列島〉というフレーズに、時間を共有している「私たち」が見える。ここには時間だけではなく、「国づくり」のもうひとつの柱である「空間」の要素がある。〈日本列島〉である。

4章で触れたように「私たち」のあいだには、日本列島がどこにあって、どんな形をしているかは誰もが知っているというコンセンサスがある。新聞には毎日、日本列島とその周辺の天気図が、場所の説明もなしに載せられる。〈日本列島〉という言葉を耳にしただけでも、ユーラシア大陸の東端からさらに離れたところにある、弓なりの形をした島々のイメージを、私たちは頭のなかに描いているだろう。

〈日本列島〉という言葉は、列島の地理的な形と位置だけでなく、そこにある「国」のイメージも呼び起こす。その例が見出しの〈早朝の列島　落胆〉だ。

いうまでもないことだが、ここでの〈列島〉は地理的な意味での日本列島ではない。日本列島が擬人化されていて、〈落胆〉しているのは日本列島にいる「私たち」だ。〈列島〉という言葉のこの使い方は、そこにある「私たち」のコミュニティーを瞬時に心のなかに描かせる。

〈列島〉を擬人化した言い方は、日本の初戦だったオーストラリア戦に関する記事にあふれている。日本が後半39分まで1―0とリードしながら、その後3点を失って敗れた試合だ。新聞をちょっとめくっただけでも、こんなに〈列島〉が顔を出す。

キックオフ。〈日本列島は「サムライブルー」の選手たちを応援し、テレビ映像にくぎ付け〉だ。1点を先取したのに追いつかれると〈祈った列島〉。さらに2点を追加されると〈列島貫いた悲鳴〉が起こる。試合終了。1―3の逆転負けという結果には〈列島、あ然ぼう然〉〈列島覆う、青いため息〉〈列島願い通じず〉。でも気持ちを切り替えて〈「次こそ勝利を」青き侍に列島エール〉。

（6月13日の朝日、毎日、スポーツニッポンから構成。東京本社版以外も含む）

擬人化した〈列島〉を使うことで、新聞は国が占める空間のイメージを伝え、そこに一体感をもったコミュニティーがあることを読者に確認している。

ここまで数本の記事をみただけでも、新聞は共有されている時間と空間を確認し、「私たち」のコミュニティーを「忘れさせない」ようにしていることがわかる。これがアンダーソンのいう「国を心のなかにイメージとして描かせる」ということだ。

これらの記事は、ドイツとの7時間の時差を強調することで、「私たち」の共有する時間は〈サッカーの祭典〉が開かれている場所のそれとは大きく違うと言っている。さらに〈日本列島〉を頻出させることで、「私たち」の共有する空間はユーラシア大陸の東端からさらに離れた小さな島々にあるというイメージも、暗に伝えている。

記事にみえる共有された時間と空間をあわせて考えると、「私たち」のコミュニティーは世界の「中心」から遠く離れた極東の島国にあるということを、記事は言葉の裏側で伝えている。

永遠に「世界」に挑戦しつづける国

「世界」——国際スポーツ大会の報道になると、新聞やテレビに頻繁に出てくる言葉である。「世界の舞台」「世界レベル」「世界に挑む」などと、いろいろに使われる。けれども、この「世界」の使われ方には、よく考えると不思議なものがある。

今あげた三つの例で考えてみる。「世界の舞台」は、まあ国際的な舞台という意味だろう。世界一を決める国際大会のことを言っているとわかる。「世界レベル」も「世界の一流選手（チーム）の水準」ということだろう。

だが「世界に挑む」の「世界」はどうだろう。「世界の一流チーム（選手）」に挑む、「世界レベルの大会」に挑戦するという意味にとれなくはない。でも、それだけだろうか。「世界に挑む」というフレーズを読んだり聞いたりしたとき、私たちの頭のなかには、挑戦の対象である「世界」というものの姿が、ぼんやりと立ち現れていないだろうか。そのぼんやりとした「世界」の正体は、いったいなんだろう。

このワールドカップの報道でも「世界に挑む」がたくさん出てきている。

〈サッカーW杯　ジーコジャパンが世界に挑む〉（読売　6月9日　見出し）

〈ドイツW杯開幕まであと3日。ジーコ・ジャパンは（…）3―5―2を基本とした布陣で世界に挑む〉（スポーツ報知　6月6日）

〈挑む〉というからには日本は挑戦者であり、「世界」のほうが格上の存在ということになる。この強そうな「世界」は、どこにいるのだろう。日本が対戦する国を、そのまま「世界」と呼んでいるのだろうか。

そうではない。スポーツ報知の記事は右に引用した部分の続きで、日本が入ったF組の対戦相手3カ国を分析しているが、ブラジルは別としても、クロアチアとオーストラリアを必ずしも日本より格上とは評価していない。だとしたら、日本が〈挑む〉相手ではない。

では「世界」とは何なのか。新聞記事をみていくと、やはり「世界」は、その姿がおぼろげに見えるもののようだ。

〈(ブラジルには)全く歯がたたず世界の壁が厚いことを思い知らされた〉(産経 6月25日)

〈「世界」は、まだ遠いところにある〉(朝日 6月23日夕刊)

〈日本は世界から取り残されてしまう〉(スポーツニッポン 6月28日)

ふだんなら気にもならない言葉だが、あらためて「世界」という言葉のことを考えながら読むと、不思議な表現に思えてくる。

「世界」には〈壁〉があって、ブラジルに負けるとそれが厚く感じられる。では「ブラジル=世界」なのだろうか。必ずしもそうではない。この記事のなかでは、ブラジルは〈世界の壁〉の一部をつくっているようだが、「ブラジル=世界」ではなさそうだ。

さらに「世界」は、日本がふがいない成績で終わると〈まだ遠いところにある〉と感じられるものだという。おまけに、日本が足もとを見据えて改革を進めないと〈世界から取り残されてしまう〉ことになりかねない。

「世界」とは個々の対戦相手やその集合体ではなく、イメージであるようだ。実体のない想像上の概念である「世界」は、つねに日本より上の存在として描かれる。

不思議な話だが、日本はここでいう「世界」の一部ではない。地理的にいえば日本は世界の一部のはずなのに、イメージとしての「世界」は日本の外側にある。

「日本」と「世界」を行き来する監督

「世界」は「日本」と対立する概念として描かれることが多い。「日本」ではないものが「世界」であり、「世界」ではないものが「日本」という関係だ。

「世界」は「日本」にはないものをもっているし、つねに格上の存在なので、「日本」のパフォーマンスを評価する基準になることがある。たとえば次の例。


〈日本の敗因については、早くもさまざまに論じられている。ジーコ監督の力量を問い直す声も聞こえる。確かに日本戦で会心の逆転勝ちを演じ、4年前の韓国に続いて豪州を決勝トーナメントに導いたヒディンク監督との用兵の差は感じる。だが、それ以前に日本選手の力不足は明らかだったように思われる。(…)

シュートを打つべき時にパスを選択するFW陣。日本の決定力不足に業を煮やしたジーコ監督は、母国ブラジル戦を前に、徹底したシュート練習を課した。この期に及んで日本代表選手にこんな基本的な練習をさせなければならないとは、ジーコ監督も泣きたい思いだったのではあるまいか。(…)

24日朝までに決勝トーナメントに進む16チームの顔ぶれが出そろう。本当のW杯はここからスタートする。肩の力を抜いて、世界の技を楽しむとしようか〉(毎日6月24日)

〈日本〉は〈選手の力不足〉が〈明らかだった〉チームだ。それに対して〈世界〉は見て〈楽しむ〉ことができるほどの〈技〉をもっている。〈世界〉はこれから〈本当のW杯〉を戦うが、〈日本〉はその前に敗れ去っているからそこには参加できない。〈日本〉でないものが〈世界〉であり、〈世界〉でないものが〈日本〉という関係がほぼ出来上がっている。

細かく読み込むと、この記事には〈世界〉と〈日本〉の対立する関係性がもうひとつ織り込まれている。ジーコ監督の位置づけだ。

最初の段落では〈日本の敗因〉を論じるなかで〈ジーコ監督の力量を問い直す声も聞こえる〉と書いている。ジーコの監督としての力不足が〈日本〉の敗因のひとつではないかという見方があるという。ここではジーコは、敗れ去った〈日本〉の一部だ。

しかし記事の後半になると、ジーコはいつのまにか〈世界〉の側に置かれている。これが日本選手の〈力不足〉を強調する効果をあげている。

もうワールドカップが始まっているというのに、ジーコ監督は選手に基本的なシュート練習をさせなくてはならなかった。そんなふがいない選手たちに〈ジーコ監督も泣きたい思いだったのではあるまいか〉と記事はいう。監督としての〈力量を問い直す声も聞こえる〉と数行前に書いたのを忘れたかのように、記事はジーコ監督を〈世界〉の側に連れだし、〈日本〉のパフォーマンスを判断する基準に据えている。

このシュート練習がブラジル戦の前に行われたという要素も、〈世界〉の側にいるジーコ監督と、ふがいない〈日本〉の対比を強めている。優勝候補であり〈世界〉の一部であるブラジルが、ジーコ監督の〈母国〉であることがさりげなく挿入されている。

中田英寿がまとっていた「世界」

日本代表のなかで「世界」の側に置かれたのはジーコだけではない。この大会期間中に引退を発表した中田英寿もそうだった。

〈(中田英は) 妥協を許さない姿勢で練習に取り組み、W杯出場を決めた際に「このチームには、まだW杯を勝ち抜く力はない」など、歯に衣着せぬ発言でジーコジャパンの先頭に立ってきた。(…)ジーコ監督に言わせれば、世界と互角で戦うため、プロ意識を持って本気でW杯へやってきたのは1人だけだった。「中田英に練習を合わせるとみんな壊れちゃう」という愚痴を、日本協会の川淵キャプテンへ漏らしている〉(日刊スポーツ 6月28日)

〈ドイツ入り後、(中田英は) 明らかにいらついていた。「走るという基本ができてない」「戦う準備が足りない」。味方への批判と取れる言葉がたびたび漏れた。選手だけの食事会の翌日の練習でも、仲間とほとんど会話せず、アップも1人で行った。

（…）世界を知る彼の厳しさを日本代表の他の選手は最後まで理解できず、彼自身も仲間と一定の距離を保った〉（毎日　6月23日夕刊）

中田英寿が代表チームの現状に警告を発し、またチーム内で孤立しているという報道は、大会前からたびたびあった。実際にどうだったかはわからない。だが右の2本の記事は、中田と他の選手との対比を明確すぎるほどに描いている。

最初の記事は、ワールドカップに〈プロ意識を持って〉臨んだのは中田〈1人だけ〉であり、コンディションを整えてきた彼のレベルに練習を合わせると、他の〈みんな〉が壊れてしまう状況だったと書いている。

2本目の記事は、中田を〈厳しさ〉をもっていた唯一の選手として位置づけ、それを〈日本代表の他の選手〉は理解できなかったとする。さらにこの明確な違いは、中田が〈世界を知る〉選手だからだと暗に言っている。

中田がチーム内で〈他の選手〉と〈一定の距離を保った〉のは、彼が〈日本〉の中で「世界性」をまとう唯一の選手だったからということになる。前の記事のジーコ監督と同じく、中田は〈世界〉の側に連れだされ、〈日本〉を評価する基準に据えられている。

ついでにいえば、中田英寿がこの大会期間中に引退を表明したのは、自分がメディアのイメージのなかで「世界性」をまとっていることを認識し、それが消えないうちに退こうという判断もはたらいていたかもしれない。

イメージとしての「世界」は、スポーツニュース以外にもメディアにあふれている。

〈世界が見たNIPPON〉(クーリエ・ジャポン　07年9月号56ページ)
〈世界が尊敬する日本人〉(ニューズウィーク日本版　06年10月18日号表紙)

イメージとしての「世界」にいったん照らしてみなければ、「日本」はアイデンティティーを確認できず、みずからのパフォーマンスの優劣も判断できないかのようだ。「日本」はつねに「世界」に評価されるのを待ち、「世界」の背中を追いかけつづける。

新聞のなかの日本代表は、個々の対戦国よりも、「世界」という得体の知れないものと戦っていた。

「組織力」は本当に日本の強みなのか

「世界」と同じく、この大会の記事に頻繁に登場しているのが「組織力」と「身体能力」という言葉だ。新聞は、日本人選手は「身体能力」で劣るから、持ち味の「組織力」で勝負するという言い方を繰り返している。

〈◆日本（3大会連続3度目・FIFA18位）
細かいパス回しでゴールに迫る組織的なサッカーが持ち味。体格や身体能力では他の出場国に劣るだけに、技術と運動量を武器に勝負を挑む〉（スポーツニッポン 6月2日）

〈体格差、身体能力の差で劣る日本は、互いの動きを連動させ、組織で作るのが持ち味〉（朝日　6月7日）

〈組織的なサッカー〉や〈組織で作る〉サッカーと〈身体能力〉は、対立するもののようだ。しかし、どちらも何を意味するのか、これらの記事だけでははっきりしない。

〈組織的なサッカー〉とは、どういうものだろう。この大会の日本代表については、ジーコ監督が決まりごとや戦術をチームに与えず、選手たちに「自由」にやらせていると盛んに報じられ、その是非が論議されてきた。戦術をほとんどもたないチームのサッカーを〈組織的〉と呼ぶのは論理的ではないように思える。

これだけでも、日本代表は本当に「組織力」が強みなのかという疑念がわいてくる。「身体能力で劣るから組織力を高めるべきだ」というように、目標として掲げる言い方ならまだわかる。しかし新聞は「日本は組織力が持ち味」などと、「組織力」をすでに獲得している長所として書いている。

スポーツニュースは本当に、日本代表は他国と比べて組織力が優れていると判断しているのだろうか。そもそも「組織力」はどうやって測るのか。

もしかすると、日本サッカーを語るときの決まり文句として、つい書いてしまっているだけではないのか。そうだとすれば、これはステレオタイプだ。ある集団にはこういう性質があると、根拠もないのに思い込んでいることになる。

次の記事を読むと「組織力＝ステレオタイプ」説が信憑性を帯びてくる。

〈気候風土や国民性、体格の違いといったものに規定されて、各国それぞれが個性的なスタイルをはぐくんでいるのがサッカーの魅力だろう。日本もボールを扱うテクニックの向上を支えに、スピードのあるパス回しで構成する中盤は一定の評価を受けている。このスタイルを世界に通用するものに高めるには、日本人が得意な組織で戦う能力を生かさない手はない〉（毎日　6月23日夕刊）

最後の文は「日本人選手が得意な」ではなく、〈日本人が得意な〉となっている。ここで日本人一般の国民性がなぜか突然出てくる。

それとも、〈日本人が得意な〉という表現は「日本人のサッカー選手が得意な」という意味で書いているのだろうか。いや、そうではない。

最初の文には〈気候風土や国民性、体格の違いといったものに規定されて、各国それぞれが個性的なスタイルをはぐくんでいるのがサッカーの魅力〉とある。〈国民性〉はサッカーのスタイルを決める重要な要素になるというのが、記事の基本的な考えだ。〈組織で戦う能力〉の高さは、日本人選手の特質にとどまらず、日本人一般の〈国民性〉だと記事はいっている。

ここで記事は、日本人一般は「組織力が強み」という見方を、なんの例証も論証もなく、あたかも常識として提示している。「日本人は組織力が強み」といわれると、私たちはほとんど疑問をもたずに、その言葉を受け入れてきたようにも思える。それはなぜなのか。

日本のメディアには、他国にはない一大ジャンルがある。「日本人論」だ。この分野では数えきれないほどの本が出版され、文化や言語、社会、精神構造まで、あらゆる分野について「日本人は特殊である」と唱えつづけている。

内外を問わず多くの研究者が、日本人論のイデオロギー性を研究対象にしている。アメリカの日本研究者ブライアン・マクベイは日本人論を、日本人の「特殊性」に関する「国を挙げての思索」と位置づける。

マクベイによれば、日本人論には「自然決定論」とでも呼ぶべき特徴がある。日本人の特殊性を論じるために、日本人論は日本の自然や気象、風土などを強調する。最もよく見られる「自然決定論」的な論理は「日本は小さな島国だから、私たち日本人は○○である」というものだという。

日系アメリカ人の社会人類学者ハルミ・ベフは、日本人論は「現代の修身の教科書」

のような役割を果たしており、「国民の文化的アイデンティティー」をつくりだす源になっているとみている。このため、日本人論に書かれたとおりに行動しないと「日本人らしくない」とみなされるという。

日本人論は日本社会ではあまりにも日常的なものになっていて、「空気に溶け込んでいる」と、ベフは書いている。空気に溶け込んでいるからこそ、日本人論は強力なイデオロギーとして作用する。

あらためていうまでもなく、日本人論にはステレオタイプがあふれている。頻出するステレオタイプのひとつが「日本人は集団志向的であり、グループへの献身度が高い」というものだ。多くの日本人論の本が、60〜70年代の日本の高度成長のカギは「組織への忠誠」にあったと書いている。そこでは日本文化は、自己中心的な国民を生まないものとされている。

この記事が〈日本人が得意な組織で戦う能力〉とさらりと書いてしまう裏には、日本人論的ステレオタイプの影響がありはしないだろうか。しかも記事は、日本人一般の「長所」を、そのままサッカー代表チームが磨きをかけるべきプレースタイルに無条件に結びつけている。国民一般の長所が、そのままサッカー代表チームの長所につながるという保証はないはずなのだが。

新聞のなかで日本代表の強みとされている「組織力」は、日本人一般についてのステレオタイプから生まれた想像上の長所でしかないのかもしれない。

高い身体能力は「アフリカ勢特有」

「組織力」の意味をもう少し深く理解するために、これと対になってよく出てくる「身体能力」という言葉を考えてみたい。

〈高い身体能力を生かした(ガーナの)アフリカ特有のスタイルは、過去のW杯で旋風を巻き起こしたカメルーンやナイジェリアをほうふつとさせる〉(毎日・大阪 6月23日)

〈アフリカ勢の魅力のひとつは、高い身体能力を生かした創造性あふれる攻撃だが、今大会では結果に結びつかなかった〉(朝日 6月29日)

「高い身体能力」という意味の表現は、必ずといっていいほどアフリカのチームや選手について使われている。引用した記事のように「アフリカ特有の」などというフレーズがつくことが非常に多い。

たしかにこの言葉は、アフリカのチームや選手以外にはほとんど使われないように思える。「身体能力が高い」と評価すべき選手はヨーロッパにも中南米にもアジアにもいるはずだが、あまり聞いたことがない。

「高い身体能力」という表現については、スポーツ社会学者の山本敦久が02年ワールドカップの際に注目し、新聞に小論を発表していた。山本の分析によれば、このときも「高い身体能力」という言葉はほぼ必ず黒人選手やアフリカのチームについて使われていた。決勝まで進んだドイツのGKオリバー・カーンのセービングは「高い身体能力」の表れとはみなされず、「ゲルマン魂」の権化などと言われた。

カーンは「精神」が強調され、アフリカの選手は「身体」が強調される。「精神」と「身体」の境界線は、「白人／黒人」「ヨーロッパ／アフリカ」という境界線と重なっており、「高い身体能力」という言葉は「その裏返しとしてプリミティブで野蛮で文明化されていない身体という意味」を生みだしているというのが、山本の見方だ。

この境界線を見事に表しているのが、次のような記事だ。

〈(チュニジアの)高い身体能力に重ねられた頭脳的なサッカーは、相手にとっての大きな脅威となる。(…)02年9月に代表監督に就任したルメールは、フランスを00年欧州選手権の頂点に導いた名将。(…)ヨーロッパスタイルの組織的なサッカーは、ルメール監督の力によってさらに強調されている〉(スポーツ報知　5月13日)

〈初出場のガーナだが(…)身体能力の高い選手にドゥイコビッチ監督が組織戦術を植えつけた〉(毎日　6月12日)

記事によれば、チュニジアもガーナも「アフリカ特有の高い身体能力」はもっていた。そこに組織力を植えつけたり、それを伸ばしたとされる監督は、どちらもヨーロッパから渡ってきた。チュニジアのルメール監督はフランス人、ガーナのドゥイコビッチ監督はセルビア人。どちらも白人である。

新聞が日本サッカーの強みとしてあげる「組織力」が想像上の長所でしかないとすれ

ば、なぜ新聞はそれを連呼するのだろう。

新聞記事のなかで「組織力」と対立する概念は「身体能力」だ。新聞はそれを「アフリカ特有」のものだと、しつこいほどに書く。山本のいうように「高い身体能力」という言葉が「文明化されていない身体」という意味をもっているとすれば、ここにあるのは「身体＝アフリカ＝未開」と「精神＝ヨーロッパ＝文明」という二分法的な思考回路だ。

この境界線を前にして、新聞は無意識のうちに、日本人を「精神＝ヨーロッパ＝文明」の側に置きたがっているのではないか。

そのとき顔をのぞかせるのが、日本人論でも喧伝されてきた「日本人は持ち前の組織力でここまで国を発展させてきた」という国民の物語だ。歴史や記憶に裏打ちされているかのようにみえるこの言い方が、サッカー代表チームのプレースタイルの描写にまで影響を及ぼしている可能性がある。

日本代表が実際にどういうサッカーをしているかに関係なく、日本は〈体格差、身体能力の差で劣る〉から〈組織的なサッカーが持ち味〉だと新聞が書いているとすれば、「組織力に優れている」というステレオタイプな日本人の自画像を「日本代表」という名のチームに照射していることになる。

「決定力不足」は日本社会のせいなのか

日本代表のグループリーグでの敗退が決まったあと、新聞では敗因分析が盛んになった。そのなかには、サッカー代表の敗因を日本人の国民性や社会と結びつけて語る「サッカー日本人論」とでも呼ぶべき記事が少なくない。

たとえば、読売新聞（6月19日夕刊）は漫画家の倉田真由美に、日本代表が〈「他国の選手たちに比べて個性がない」〉のは、〈「日本代表に優等生であることを求める日本社会の風潮」〉のせいではないかと語らせている。〈「一般的に、日本人はチームとしてのまとまりを大事にするため、まじめで〝いい人〟であることを求めてしまう」〉のだという。「日本人論」的なステレオタイプが、ここにも見える。

次の記事も「サッカー日本人論」のひとつだ。日本代表の「決定力不足」の要因を日本社会の特徴に結びつけて書いており、なかなかおもしろい。ところが軽い語り口のなかに、日本人のステレオタイプがさりげなく埋め込まれている。ちょっと長いが、全文を引用したい。

〈酒のさかなとしては、いま一番旬の話題がW杯で勝てなかった日本代表だ。とくにFWのゴール前でのプレーには失望したファンが多いだろう。なぜシュートを打たない、なぜゴール枠に飛ばないのか、と。

同意見である。だが、欧州、南米によく出掛けてアマチュアサッカーに興じるフリー記者からこんな話を聞いた。

欧州や南米の草サッカーチームでどのポジションをやりたいか、と聞くとたいていFWに手が挙がる。欧州ではGKが人気だったりする。だから、日本人はほとんどFWではプレーさせてもらえない。だが、日本の草サッカーチームでは中盤の希望者が一番多く、すぐにFWのポジションがもらえるのだという。

国民性といってしまえば、それまでだが、FWもGKも一つのミスが勝敗を分ける重要なポジションだ。それに比べれば、中盤のミスは致命的になることが少なく、責任の所在はあいまいだ。点を取るにしても、防ぐにしても1人で重責を負う覚悟がなければできないのがFWやGKというポジションなのだ。

いうまでもなく日本代表は日本人の中から選ばれる。現在の日本社会を反映せざるをえない。柳沢らを批判するのは簡単だが、中盤に人材があふれる現状は責任の所在があいまいな日本社会の鏡のようなものだ。10年以上「決定力不足」の原稿を書き続けた身として、そんな気がしている。

世の中の出来事の原因を社会に求めるのは、好きではない。だが、責任を負う気概を持った個人があふれる社会にならないと、4年後も酒場で同じ愚痴をこぼさなくてはならないだろう〉（産経・大阪　6月24日）

出だしから仕掛けが入っている。〈酒のさかなとしては、いま一番旬の話題〉というフレーズで、この記事のテーマがコミュニティーの最大の関心事であるという位置づけをうまく行っている。「酒を飲んだら、今は必ずこの話題ですよね」と読者にささやき同意を求め、〈なぜシュートを打たない、なぜゴール枠に飛ばないのか〉が、いまコミュニティー全体の不満であり課題でもあるというコンセンサスをつくっている。

次の段落に入ると、匿名の〈フリー記者〉が登場する。〈欧州、南米によく出掛けてアマチュアサッカーに興じる〉人物である。この記事に登場させるには、完璧なバックグラウンド。ちょっと完璧すぎないかと思えるほどだ。

フリー記者は「世界」の視点をもっている。この人物がよく訪れるという欧州と南米は、日本人の想像力のなかではサッカーの「中心」だ。しかも、この人物は現地のアマチュアサッカーチームに参加できるほど欧州や南米をよく知っているという強調もさりげなく行われている。

フリー記者は自分の経験から、欧州や南米（サッカーの「中心」）と日本の違いを語る。本当に体験したことだとしても、あまりに鮮明な対比で、わかりやすすぎる感じがしなくもない。わかりやすすぎる例示には、ステレオタイプが入っている可能性が高い。

この記者の話をもとに、記事は議論を展開させる。欧州・南米のアマチュア選手がやりたがるＦＷ・ＧＫと、日本人が好きなＭＦを比べて、記事はＭＦはＦＷやＧＫより責任があいまいなポジションだと断言する。サッカーをいくらかでも知っている人なら、何かひとこと言いたくなるような大胆な説だ。

もっと大胆なのは、そのあとだ。日本代表は〈現在の日本社会を反映せざるをえない〉として、日本代表の〈中盤に人材があふれる現状〉は〈責任の所在があいまいな日本社会の鏡のようなもの〉と言いきる。

しかし〈責任の所在があいまいな日本社会〉という部分について、なんの例も証拠も出していない。記事がサッカーにおいて比較している欧州や南米と比べても、日本は本当に〈責任の所在があいまい〉な社会なのだろうか。

さらに〈世の中の出来事の原因を社会に求めるのは、好きではない〉と「おことわり」を入れて読者の抵抗感をうまく弱めたうえで、すぐに〈だが〉と続け、相変わらず日本代表の決定力不足の原因を社会に求めつづける。

結論部分で記事は〈責任を負う気概を持った個人があふれる社会にならないと〉代表の決定力不足は続くだろうという。〈ならないと〉というのだから、今の日本社会には〈責任を負う気概を持った個人〉が少ないといっている。ここにも、論証も例証もない。日本社会のステレオタイプが、しっかり行間に埋め込まれている。〈責任の所在があいまいな日本社会〉、今の日本には〈責任を負う気概を持った個人〉が少ない、というひどく自己批判的なステレオタイプである。

「日本人は自由が苦手だ」

最後に、極めつきの「サッカー日本人論」を。ジーコ監督がチームに与えていた「自由」について書いたもので、日本代表のグループリーグでの敗退が決まったあとに掲載された。

〈ジーコは選手を信頼し自由を与えた。「外からいろいろ言われるほど、選手はプレーに集中できなくなる」。現役時代の経験に基づいた信念だった。練習はミニゲーム中心。一見楽しそうな練習でも、実際には試合のいろいろな局面を想定していた。「放任」とも言われたが、そうではない。自主性を持って課題に取り組み、実際の試合で応用する。生かすも殺すも選手の取り組み次第だった。

日本人は自由が苦手だ。特に学校教育から発展してきたスポーツの分野では、監督イコール先生であり、何かを授けてくれる存在という潜在意識がある。ただそれでいいのだろうか。自ら考え、より良い仕事ができるよう努めるのがプロだ。「プロ意識」を監督は問い続けた。惜しまれるのは、ジーコ流の指導法はプロサッカーの成熟があってこそ生きるのであって、日本ではまだ少し、早すぎたということだ〉

(毎日　6月27日)

前にも触れたように、ジーコ監督が具体的な戦術をチームにほとんど与えず、選手の「自由」に任せていたことは、たびたび報道されていた。記事はジーコの方針が正しかったという前提に立ち、代表選手に〈自ら考え、より良い仕事ができるよう努める〉〈プロ意識〉が欠けていたと主張している。

この主張をする前に、記事はジーコを「世界」として位置づける。引用部分より前の文章で記事は、ジーコは〈人間味にあふれ〉た人物であり、〈サッカーを通じ自らの人生観を伝えてきた〉と書いている。さらにジーコは〈サッカー界のスーパースターとして脚光を浴びた〉が、ケガのせいもあって〈選手として3度のW杯では優勝経験はない〉とする。

ジーコはサッカーの一流の舞台で〈栄光と挫折〉の両方を味わっており、それが〈指導法の原点にある〉と記事はいう。ジーコは「世界」の側に置かれ、再び「日本」を評価する基準に据えられる。

ジーコを「世界」として位置づけたあと、引用部分にあるように、記事はジーコが日本代表に与えた〈自由〉について解説する。ジーコの練習は〈一見楽しそう〉だが、選手が〈自主性を持って課題に取り組み、実際の試合で応用する〉ことをねらったものだったという。

そのうえで記事は突然、宣言する。〈日本人は自由が苦手だ〉。論証も例証もなく、あたかも常識であり事実であるかのように書いている。

そこから記事は〈ジーコ流の指導法〉（＝自由）が、日本には〈まだ少し、早すぎた〉と結論づける。チームが受け入れるには早すぎる指導法をとっていたのなら、それは監督の大きな判断ミスだろう。

しかし、記事はそこには触れずに議論を進める。ジーコ（＝世界）はあくまで正しい基準をもたらし、自由を生かせなかった選手（＝日本）に非があるとしている。生かせなかったのはなぜか。〈日本人は自由が苦手だ〉からだ。自己批判的なステレオタイプがここにも出来上がった。

議論の前提に使われるステレオタイプ

いまみた2本の記事は、ステレオタイプな「日本人の国民性」をあたかも事実であるかのように提示している。1本目の記事では「日本社会は責任の所在があいまい」という見方が、2本目では「日本人は自由が苦手」という特徴が、なんの論証もなく提示されている。

恐いのは、こうしたステレオタイプが議論の前提として使われていることだ。「日本社会は責任の所在があいまい」ということを言うための文章なら、それを証明する例や議論が必要になる。読む側もそこに注意を払うだろう。しかしここで引用した記事の場合は、言いたいことは別にあり、ステレオタイプは議論の前提として混ぜ込まれているから見逃しやすくなる。

見逃してしまうと、読者の頭のなかにステレオタイプな「日本人らしさ」がつくられかねない。日本社会は責任の所在があいまいであり、日本人は自由が苦手なのだ、と。

なぜ新聞記事がこれほど日本人のステレオタイプを平気で書いているのかは、よくわからない。ひとつ考えられるのは、記事の書き手自身がこうしたステレオタイプにひたりきっていて、自分の書いていることを疑っていないということだ。

もしこの推測が正しければ、すでに書き手の側が、日本人論的なステレオタイプを刷り込まれていることになる。

新聞にあふれる「ひきこもりナショナリズム」

06年ワールドカップについての新聞記事が〈日本〉と〈日本人〉をどのように描いていたかを、これまでみてきた。

日本の新聞がとっていた手法は大きく二つある。

ひとつは、日本をわざわざ世界の「周縁」に位置づけていること。日本が世界の「中心」から離れた極東の島国であることを言葉の奥深くで伝えたり、日本人の想像上の概念でしかない「世界」を、みずからのパフォーマンスを評価する基準として位置づけている。

もうひとつはステレオタイプを効果的に使っていること。ここには、自己に対する「日本人論」的なステレオタイプも含まれる。ある国民性を共有する均質な「私たち」の存在が前提とされ、ときにはその前提が別の議論の基礎となる。

日本の新聞が〈日本人〉を描くのに使っていた手法は、イギリス大衆紙のそれとは対照的なものだ。

イギリス大衆紙の「国づくり」は「我々／彼ら」のイメージを強調し、自国とその歴史をたたえ、他国（たとえばドイツ）をステレオタイプなイメージにくるんでおとしめる。あくまで自国が中心で、強烈なナショナリズムが外に向かってほとばしり出ているイメージだ。

しかし、06年ワールドカップに関する新聞記事に表れている日本のナショナリズムは、これとは逆だ。極東の小さな島国として位置づけられるコミュニティーのなかで、自省的で自己批判的なナショナリズムがくつくつと煮えているようなイメージである。ナショナリズムは外に向かって発散されず、内へ内へと向かっていく。内向きな「ひきこもりナショナリズム」とでも呼びたいものだ。

内向きのナショナリズムが最もわかりやすく表れているのは、ステレオタイプの使われ方である。

6章でみたヨーロッパの「ステレオタイプ網」の例からもわかるように、ステレオタイプはふつう「他者」についてつくられる。「我々」が基準であるという前提に立ち、その基準からはずれている「彼ら」の特徴をとらえてステレオタイプにする。

しかし日本の新聞にみえたステレオタイプは、多くが「我々」についてつくられていた。あくまで「他者」や「世界」が基準であり、そこから逸脱している「我々」のイメージがステレオタイプになっている。ステレオタイプのはたらく方向性が「自己批判的」なのである。

自己批判的な側面が強く表れているのは、このワールドカップで日本代表が1分2敗という成績だったことと無関係ではないだろう。もう少し結果がよかったら、また違う

〈日本人〉の描かれ方があったのかもしれない。しかしその場合も、日本人論の伝統が強いことを考えれば、「他者」を基準としたステレオタイプのつくられ方などは変わらないように思える。

読者の頭はスポンジではないけれど

新聞記事がこれほど〈日本人〉のことを決めつけるように語り、これほどステレオタイプを多用していることは、なにげなく読んだだけでは気がつかない。

でも私たちはふつう、ここでやったような新聞の読み方をしない。さらりと読めば、言葉が運ぶイデオロギーは私たちの頭に入ってくる。「日本人は組織力が強み」「日本人は自由が苦手」といったステレオタイプも、頭の中に入ってくる。そして、そのまま脳裏に刷り込まれかねない。

私たちは新聞に書いてあることをうのみにするほどバカじゃない、のかもしれない。たしかに読者の頭はスポンジではない。新聞に書かれていることを、まったく無批判に、そのまま吸い取っているわけではない。

しかし、ひとつたしかなのは、メディアほど社会にイデオロギー（あるいは価値観、

「常識」）をばらまける存在は、ほかにないということだ。

私たち受け手の頭は、けっしてスポンジではない。けれどもメディアには、数百万、数千万の人びとに同じことを、ときには何度も繰り返して言える力がある。それだけはまちがいない。

第8章　イビチャ・オシムはなぜ怒ったか——むすびにかえて

「物語」を拒否した監督

イビチャ・オシムは怒っていた。

07年7月9日、サッカー・アジアカップのカタール戦。日本代表は1—0でリードしながら、終了間際にFKを決められ、引き分けに終わった。

試合終了直後、監督のオシムがテレビカメラの前に立った。インタビュアーが聞いた。

「勝ち点3が、手元からするりと逃げてしまった、そんな印象ですが」

通訳の千田善が質問を短く訳す。するとオシムは、ちょっと聞き返すような口調で何かを言った。千田が日本語にする。

「勝ち点を逃したということですか？」

さらにオシムが話す。千田の日本語。

「試合を見ていれば、どういう結果かっていうのは、わかると思いますけれども。あなたはどう思うんですか?」

さらにオシム、そして千田。

「質問をもう少し考えてくださいよ!」

インタビューされた選手や監督が、インタビュアーに不満を言うのを聞いたのは初めてだった。


イビチャ・オシムはなぜ怒ったのか。

彼の話すセルボ・クロアチア語がわからないので、千田の訳した日本語から推測するしかないのだが、まずオシムは「見ていればわかる」はずの試合結果への感想を聞かれたことにいらだっているようにみえる。だが、それだけだろうか。

オシムが怒った理由を探るカギは、最初に言った「勝ち点を逃したということですか?」にある。素直に解釈すれば、質問の趣旨を確認している言葉だ。つまりオシムには、質問がわかりにくかったことになる。なぜか。

ひとつ考えられるのは、その質問にオシムにはなじみのない表現が含まれていたということだ。だとすれば、「勝ち点が手元からするりと逃げてしまった」という日本語のニュアンスを、千田がセルボ・クロアチア語にきちんと置きかえていたのではないか。勝ち点がするりと逃げていく——。勝利というものを、つかみにくい何ものかにたとえたこの表現は、スポーツの中継やニュースではときおり耳にする。もちろん勝利のほうから勝手に「するりと逃げていく」ことはありえず、勝利を逃がしてしまったのはチームや選手だ。

けれども、この言葉が重宝されるのは、ゲームの展開をとっさにイメージさせられるためだ。言いかえれば、終わったばかりのゲームの意味づけを手っ取り早く行い、「物語」につなげていく最初の一歩となる言葉かもしれない。

日本人の選手や監督なら、「勝ち点が手元からするりと逃げていきましたが」と聞かれても、とりあえず「そうっすねえ——」などと相槌をうつだろう。そのあとは「勝ち点が逃げた」かどうかにはとくに触れることもなく、ある意味で予定調和的に、あうんの呼吸を了解して、その場の枠を逸脱することなく、試合についての見方を述べることがほとんどだろう。

しかし、セルビア人のオシムは違った。予定調和的な流れを拒絶したばかりか、わかりやすい「物語」をつくりはじめるかのような質問の言葉づかいに、とっさに拒否反応を示したのである。

「オヤジ性」を本能的に感じとる

ここまで書いたことは、まったくの仮説でしかない。だが、オシムの心の動きに当てはまる部分がいくらかでもあったとしたら、彼は本書が言いたかったことのいくつかを身をもって表現してくれたことになる。

いわゆる「オシム語録」をそんな目線でみていくと、ほかにも、この本が言いたいことを独特の言葉で語っている。

たとえば、スポーツニュースがじつは「スポーツマンニュース」であること(第3章)については、こんな発言がある。

〈そもそも日本では、1つのニュース番組で中村(俊輔)が毎回3本ぐらいゴールを決める。私が日本に来てから1500日くらいですから、5000点近く見たことになります。私が生涯で見たゴールよりはるかに多い〉(日刊スポーツ 07年6月

2日)

「身体能力」という言葉(第7章)にからんだ質問に対しては、抜群に冴えた切り返しを見せる。

〈――オーストラリアはフィジカルが強いが。

相手の身長、体重を気にするファンの多い国のチームとしては大きな問題だ。問題は体の大きさとテクニックの両方になる。われわれの選手が大きければ下手になるだろうし、そういう選手はレスリングをすればいい。しかしレスリングの試合でも多分、オーストラリアの方が強いでしょう〉(日刊スポーツ 07年7月21日)

日本代表の強みとされる「組織力」の神話(第7章)にからむ質問も、見事に切り返している。

〈――日本が組織で戦い、サウジアラビアが個人勝負をしているが。

サウジアラビアは組織がないとお考えですか？　サウジに組織がないと言ったら、ただでさえ高いサウジのモチベーションをさらに上げてしまう〉（日刊スポーツ　07年7月25日）

オシムは、この本でみてきたスポーツニュースの「オヤジ性」を、おそらく本能的に感じとり、相当な違和感をいだいている。だから、オヤジ臭のする質問には不満を表明し、ときには皮肉やジョークで絶妙に切り返す。

この感覚はどこからくるのか。日本人ではないということは大きいだろうが、けっしてそれだけではない。人並みはずれた言葉の才能があるから、というだけでもない。この人は何かから、とてつもなく自由なのではないか。私たちの多くが縛られているかもしれない何かから。

イチローはなぜ「物語」を背負わないか

この本では「スポーツニュースはオヤジである」という仮説の下に、スポーツニュースが放つイデオロギーや価値観を探ってきた。

スポーツニュースという名のオヤジは「無意識のセクハラ」を常習的にやっていた。ジェンダー論のフレームワークを借りてみてみると、スポーツニュースは歴史的な経緯から、女性がスポーツをやっていることに今も違和感をいだいている。たとえ相手が世界レベルの女性競技者でも、スポーツニュースは彼女たちがアスリートである前に「女性」であることを伝えたがっていた。

人間関係や、日本社会での生き方にからむさまざまな価値観も、スポーツニュースは放射していた。タテ社会や年功序列といった価値を確認し、努力を礼賛し、積み重ねていくことの重要性を言葉の奥底で説いていた。

そして、スポーツニュースは〈日本人〉をつくっていた。私たちが〈日本人〉であることを忘れさせないようにし、〈日本人らしさ〉をつくりあげようとしていた。

メジャーリーグに渡る日本人選手には、食生活や言葉の苦労という「日本人の物語」を背負わせていた。松坂大輔も松井秀喜も、城島健司も、その「物語」のなかでプレーさせられていた。

スポーツニュースは「グローバル」な舞台で活躍している選手たちを、最も「ローカル」な文脈で伝えていることになる。イチローにこの物語をほとんど背負わせていないのは、イチローのもつイメージがとっくに〈日本人〉の枠をはみだしているとスポーツニュースが感じているからだ。

私たちが〈私たち〉を規定する

スポーツニュースを見たり読んだりしている私たちは、こうしたオヤジ的な価値観を日々、空気のように吸い込んでいる。社会的価値を放射するヒーローの物語や、自分たち、あるいは他の国民についてのステレオタイプにも毎日のように触れている。そんなさまざまなものが積もりつもって、〈日本人〉がつくられていく。

スポーツニュースがなにか途方もない陰謀をたくらんで、〈日本人〉であることを私たちに刷り込もうとしているわけではない。社会で主流となっている価値観をすくい上げ、それを言葉のあいだにはさみ込んで私たちに確認させているだけのことだ。

だから、スポーツニュースが私たちのことを意図的に規定しようとしているわけではない。私たちをなんらかの枠にはめ込もうとしているのは、社会で主流の価値観を認め、強化している私たち自身だともいえる。

その枠のなかにいれば、とても楽なのかもしれない。スポーツニュースをはじめ、メディアがさりげなく押しつけてくる〈日本人〉の枠のなかに身を置いていれば、とりあえず〈日本人〉として大過なく生きていけるだろう。

けれども、そうではない人生も、もちろんありえるはずだ。メディアが何食わぬ顔で押しつけてくる〈日本人〉という枠——それは私たちの多くが閉じこもりたがろうとしている枠なのだが——を見きわめ、そこから飛び出すことを選び取っていく生き方もありえるはずだ。

そのためには、この社会に横たわる枠に抵抗し、異議を唱え、ときには肩すかしをくわせることも必要になるのだろう。

その手本は、イビチャ・オシムが示してくれている。

すでに「刷り込まれている」自分からの出発

私たちの前には、おそらく二つの選択肢がある。

このままスポーツニュースの放射する価値観や物語に身をまかせ、スポーツニュースが無意識のうちに望んでいる日本人らしい〈日本人〉として生きてゆくのか。

それとも、スポーツニュースに〈日本人〉であることを刷り込まれないために、まずメディアとの接し方を変えてみるのか。

いくばくかの勇気を出して二つ目の選択肢をとるのなら、「メディア・リテラシー」を鍛えなくてはいけないということになる。あらためていうまでもないが、メディア・リテラシーとは、メディアの発する情報をうのみにせず、批判的にみていく姿勢のことをいう。

この言葉を日本に広めたともいえるジャーナリストの菅谷明子の言葉を借りるなら、〈メディア・リテラシーとは、ひと言で言えば、メディアが形作る「現実」を批判的（クリティカル）に読み取るとともに、メディアを使って表現していく能力〉（『メディア・リテラシー』ⅴページ）ということになる。

用語の定義としては、そのとおりなのだろう。けれどもスポーツニュースを見たり読んだりするときに、私たちは「メディアが形作る『現実』」などという、ややこしいことを考えたいだろうか。スポーツニュースを「批判的（クリティカル）に読み取る」なんて面倒なことをしたいだろうか。

私たちがスポーツニュースに接するのは、疲れた体を引きずりながら家に落ち着いたころのテレビだったり、混雑した電車のなかで遠慮がちに開くスポーツ新聞だったりする。テレビのスポーツニュースは、だらだらと寝転がって、向上心のかけらももたずに見ているだろうし、スポーツ新聞はラーメン屋でスープのしぶきを紙の上に飛ばしながら読んでいるだろう。

スポーツニュースとはそういうものである。「批判的に読み取れ」といわれても、困ってしまうようなものだ。ややこしいことは、ほかの時間にさんざんやっているんだから、スポーツニュースくらい楽しく見せてくれよ、と言いたくなるようなものである。だがスポーツニュースは、そういうものだからこそ、心を許している私たちに〈日本人〉であることをじんわりと刷り込みかねない。

だから、スポーツニュースは恐いのだ。

イビチャ・オシムのように自由を手に入れているのなら、まったく恐がることはない。しかし、あいにく私たちは、すでに〈日本人〉だ。オシムと違って、予定調和の流れも、あうんの呼吸もわきまえているし、スポーツニュースのつくりだす「物語」に酔いしれる快感も知っている。

厄介な話である。けれども私たちはそこから始めるしかない。すでに〈日本人〉を刷り込まれている自分を、出発点にするしかない。

あとがき

「スポーツニュースの本を書いている」と言うと、たいてい「へえ、楽しみぃ」という反応が返ってきた。うれしい言葉だが、やっぱりスポーツニュースというだけで「楽しみぃ」になるのだな。彼ら彼女らは、まさかスポーツニュースの「恐さ」について書いているとは思っていなかっただろう。じつはこんな本でした。

この本はカジュアルな「ディスコース・アナリシス」を使って、スポーツニュースを読んできた。ディスコース・アナリシスを日本語で説明しようとすると「言説分析」とか「談話分析」ということになってしまい、こちらもなんだか恐そうである。

簡単にいえば、とにかく言葉をねちねちと読み込むことをいう。親の仇だと思って、執念深く読む。なぜこの言葉がここにあるのか。その裏側にどんな意味があるのか。この言葉とこの言葉がなぜ一緒に使われているのか。それはなぜか。そんなふうに言葉をみていくと、なにげなく読んだだけではわからないものが、ふと姿を現すことがある。ときには書き手が無意識のうちに行間に書き込んでいるものまでみえてきて、楽しくなったり、恐くなったりする。

ここではジェンダーからナショナリズムまでをテーマに、スポーツ記事を読み込んできた。ちょっと野心的すぎるほど広い領域に踏み込むことになったが、それはそれで楽しい作業だった。

ディスコース・アナリシスをはじめ、メディアの批判的な読み方をたたき込んでくれたのは、ロンドン・スクール・オブ・エコノミクス・アンド・ポリティカル・サイエンス（LSE）のメディア・コミュニケーション学部の教授たちだった。長年のメディア企業勤めを経て、かなり詰まりぎみだった私の脳みその回路に、LSEの先生たちはパイプ用洗剤をさらさらとまくみたいに、上質の刺激を与えてくれた。ここであらためて感謝の意を表したい。第7章に収めた06年ワールドカップ新聞報道の分析は、LSEに提出した修士論文を大幅かつ大胆に改稿したものである。

しばらくはスポーツニュースを意地悪く読み込むことを忘れてみたいが、もう二度と「あちら側」に戻れないことには薄々気づいている。だから仲間を増やしたい。読んでくれた方々が「もう、スポーツニュースを落ち着いて見られなくなったじゃない！」と言ってくれたら、この本は目的を果たしたことになる。

最後になりましたが、編集を担当してくれた中野毅さんに、この場を借りて心からの感謝を申し上げます。

2007年8月

森田浩之

Fowler, Roger (1991). *Language in the News: Discourse and Ideology in the Press*. London: Routledge.

McVeigh, Brian J. (2004). *Nationalism of Japan: Managing and Mystifying Identity*. Lanham, Maryland: Rowman & Littlefield Publishers.

Ogasawara, Hiroki (2004). The Banality of Football: 'Race', Nativity, and How Japanese Football Critics Failed to Digest the Planetary Spectacle. In W. Manzenreiter and J. Horne (eds.), *Football Goes East: Business, Culture and the People's Game in China, Japan and South Korea*. London: Routledge.

酒井直樹 (1996)「序論——ナショナリティと母（国）語の政治」、酒井直樹、ブレット・ド・バリー、伊豫谷登士翁編『ナショナリティの脱構築』柏書房

———— (1997)『日本思想という問題——翻訳と主体』岩波書店

杉本良夫、ロス・マオア (1995)『日本人論の方程式』ちくま学芸文庫

山本敦久 (2002)「『高い身体能力』って何」朝日新聞 6月30日

第8章 イビチャ・オシムはなぜ怒ったか——むすびにかえて

菅谷明子 (2000)『メディア・リテラシー』岩波新書

鈴木みどり (1997)「時代の要請としてのメディア・リテラシー」、鈴木みどり編『メディア・リテラシーを学ぶ人のために』世界思想社

富山英彦 (2005)『メディア・リテラシーの社会史』青弓社

■イギリス

Bishop, Hywel and Jaworski, Adam (2003). 'We beat 'em': Nationalism and the Hegemony of Homogeneity in the British Press Reportage of Germany Versus England During Euro 2000. *Discourse & Society,* 14 (3), 243-271.

Garland, Jon (2004). The Same Old Story? Englishness, the Tabloid Press and the 2002 Football World Cup. *Leisure Studies,* 23 (1), 79-92.

Garland, Jon and Rowe, Mike (1999). War Minus the Shooting? Jingoism, the English Press, and Euro 96. *Journal of Sport & Social Issues,* 23 (1), 80-95.

Maguire, Joseph, Poulton, Emma and Possamai, Catherine (1999). The War of the Words? Identity Politics in Anglo-German Press Coverage of EURO 96. *European Journal of Communication,* 14 (1), 61-89.

第7章 ワールドカップでつくられた〈日本人〉

Arimoto, Takeshi (2004). Narrating Football: World Cup 2002 and Multi-layered Identifications in Japan. *Inter-Asia Cultural Studies,* 5 (1), 63-76.

Befu, Harumi (1993). Nationalism and *Nihonjinron*. In H. Befu (ed.), *Cultural Nationalism in East Asia: Representation and Identity*. Berkeley, California: Institute of East Asian Studies, University of California.

Dale, Peter N. (1987). *The Myth of Japanese Uniqueness*. London: Croom Helm.

Dayan, Daniel and Katz, Elihu (1992). *Media Events: The Live Broadcasting of History*. Cambridge, Massachusetts: Harvard University Press.

第6章 世界中で刷り込まれる〈国民〉

■アメリカ

Muller, Nicole. L. (1995). As the [Sports] World Turns: An Analysis of the Montana-49er Social Drama. *Journal of Sport & Social Issues,* 19 (2), 157-179.

Vande Berg, Leah R. (1998). The Sports Hero Meets Mediated Celebrityhood. In L.A. Wenner (ed.), *Mediasport*. London: Routledge.

日本放送協会 (2007)『スポーツ史の一瞬　投手のバイブルを作った男～大リーグ　ノーラン・ライアン～』(テレビ番組)

■アルゼンチン

Archetti, Eduardo P. (1994). Masculinity and Football: The Formation of National Identity in Argentina. In R. Giulianotti and J. Williams (eds), *Game Without Frontiers*. London: Arena.

———— (1994). Argentina and the World Cup: In Search of National Identity. In J. Sugden and A. Tomlinson (eds), *Hosts and Champions: Soccer Cultures, National Identities and the USA World Cup*. London: Arena.

■ヨーロッパ

Blain, Neil, Boyle, Raymond and O'Donnell, Hugh (1993). *Sport and National Identity in the European Media*. Leicester: Leicester University Press.

Lippmann, Walter (1922). *Public Opinion*. New York: Harcourt, Brace.

O'Donnell, Hugh (1994). Mapping the Mythical: A Geopolitics of National Sporting Stereotypes. *Discourse & Society,* 5 (3), 345-380.

第4章 スポーツニュースは〈国〉をつくる

Anderson, Benedict (1991/1983). *Imagined Communities: Reflections on the Origin and Spread of Nationalism,* London: Verso.
(邦訳『増補　想像の共同体――ナショナリズムの起源と流行』白石さや・白石隆訳、NTT出版)

Billig, Michael (1995). *Banal Nationalism*. London: Sage.

Connerton, Paul (1989). *How Societies Remember.* Cambridge: Cambridge University Press.

Halbwachs, Maurice (1980 [1950]). *The Collective Memory.* New York: Harper & Row.

Scannell, Paddy and Cardiff, David (1991). *A Social History of British Broadcasting: Volume 1 1922-1939.* Oxford: Blackwell.

梅森直之 (2007)『ベネディクト・アンダーソン　グローバリゼーションを語る』光文社新書

第5章 日本人メジャーリーガーが背負わされる〈物語〉

岡本能里子 (2004)「メディアが創るヒーロー　大リーガー松井秀喜――イチローとの比較を通して」、『メディアとことば 1』ひつじ書房

高橋徹 (2006)「スポーツとニュース――その接続の凡庸さの中にひそむ政治」、伊藤守編『テレビニュースの社会学――マルチモダリティ分析の実践』世界思想社

松井秀喜 (2007)『不動心』新潮新書

田中和子、諸橋泰樹 (1996)「新聞は女性をどう表現しているか」、『ジェンダーからみた新聞のうら・おもて――新聞女性学入門』現代書館

田渕祐果 (1995)「スポーツ・ジャーナリズムと女性」、関西学院大学社会学部紀要第 73 号

第3章 スポーツニュースは〈人間関係〉に細かい

Birrell, Susan (1981). Sport as Ritual: Interpretations from Durkheim to Goffman. *Social Forces,* 60 (2), 354-376.

Carey, James W. (1992). *Communication as Culture: Essays on Media and Society.* London: Routledge.

Couldry, Nick (2003). *Media Rituals: A Critical Approach.* London: Routledge.

Durkheim, Emile (1915). *The Elementary Form of the Religious Life.* New York: Free Press.

Izod, John (1996). Television Sport and the Sacrificial Hero. *Journal of Sport and Social Issues,* 20 (2), 173-193.

Prisuna, Robert H. (1979). Televised Sports and Political Values. *Journal of Communication,* 29 (1), 94-102.

Watson, James and Hill, Anne (2003). *Dictionary of Media and Communication Studies (6th Edition).* London: Arnold.

Weiss, Otmar (1996). Media Sports as a Social Substitution: Pseudosocial Relations with Sports Figures. *International Review for the Sociology of Sport,* 31 (1), 109-117.

橋本純一 (1988)「メディア・スポーツとイデオロギー――日米のプロ野球の記号論的研究」、「体育・スポーツ社会学研究」 7

Harris, John (2005). The Image Problem in Women's Football. *Journal of Sport & Social Issues,* 29 (2), 184-197.

Harris, John and Clayton, Ben (2002). Femininity, Masculinity, Physicality and the English Tabloid Press: The Case of Anna Kournikova. *International Review for the Sociology of Sport,* 37 (3-4), 397-413.

Kennedy, Eileen (2000). Bad Boys and Gentlemen: Gendered Narrative in Televised Sport. *International Review for the Sociology of Sport,* 35 (1), 59-73.

Messner, Michael A. (1988). Sports and Male Domination: The Female Athlete as Contested Ideological Terrain. *Sociology of Sport Journal,* 5, 197-211.

Pirinen, Riitta (1997). Catching Up with Men? Finnish Newspaper Coverage of Women's Entry into Traditionally Male Sports. *International Review for the Sociology of Sport,* 32 (3), 239-249.

Wensing, Emma H. and Bruce, Toni (2003). Bending the Rules: Media Representation of Gender During an International Sporting Event. *International Review for the Sociology of Sport,* 38 (4), 387-396.

阿部潔 (2001)「メディアは女性スポーツをどう伝えているか」、「体育科教育」49 巻 9 号

飯田貴子 (2002)「メディアスポーツとフェミニズム」、橋本純一編『現代メディアスポーツ論』世界思想社

伊藤公雄 (1999)「スポーツとジェンダー」、井上俊、亀山佳明編『スポーツ文化を学ぶ人のために』世界思想社

木村元子 (1991)「女性スポーツ報道における性差別表現に関する研究」、「体育・スポーツ社会学研究」10

参考・引用文献（本文中に引用した新聞・雑誌記事は割愛します）

第1章 本当はこんなに恐いスポーツニュース

Billig, Michael (1995). *Banal Nationalism*. London: Sage.

Clarke, Alan and Clarke, John (1982). 'Highlights and Action Replays': Ideology, Sport and the Media. In J. Hargreaves (ed), *Sport, Culture and Ideology,* London: Routledge.

Hall, Stuart (1981). The Whites of Their Eyes: Racist Ideologies and the Media. In G. Bridges and R. Brunt (eds.), *Silver Lining: Some Strategies for the Eighties*. London: Lawrence and Wishart.

Whannel, Gary (1992). *Fields in Vision: Television Sport and Cultural Transformation*. London: Routledge.

高橋徹 (2006)「スポーツとニュース――その接続の凡庸さの中にひそむ政治」、伊藤守編『テレビニュースの社会学――マルチモダリティ分析の実践』世界思想社

第2章 女子選手に向けるオヤジな目線

Daddario, Gina (1994). Chilly Scenes of the 1992 Winter Games: The Mass Media and the Marginalization of Female Athletes. *Sociology of Sport Journal,* 11, 275-288.

Duncan, Margaret Carlisle and Hasbrook Cynthia A. (1988). Denial of Power in Televised Women's Sports. *Sociology of Sport Journal,* 5, 1-21.

Halbert, Christy and Latimer, Melissa (1994). "Battling" Gendered Language: An Analysis of the Language Used by Sports Commentators in a Televised Coed Tennis Competition. *Sociology of Sport Journal,* 11, 298-308.

森田浩之
（もりた・ひろゆき）

ジャーナリスト（メディア研究）。NHK記者、ニューズウィーク日本版副編集長を経てフリーランスに。早稲田大学政治経済学部卒、ロンドン・スクール・オブ・エコノミクス（LSE）メディア学修士。共著に *Going Oriental: Football After World Cup 2002*、編訳書に『ワールドカップ・メランコリー』（廣済堂出版）などがある。
http://n-chronicle.jugem.jp

生活人新書 232

スポーツニュースは恐い 刷り込まれる〈日本人〉

二〇〇七（平成十九）年九月十日 第一刷発行

著者 森田浩之

発行者 大橋晴夫
発行所 日本放送出版協会
〒一五〇―八〇八一 東京都渋谷区宇田川町四一―一
電話 （〇三）三七八〇―三三二八（編集）
（〇五七〇）〇〇〇―三二一（販売）
http://www.nhk-book.co.jp
振替 〇〇一一〇―一―四九七〇一
装幀 山崎信成
印刷 壮光舎・近代美術 製本 三森製本

ISBN978-4-14-088232-0 C0236